優渥叢書

哇！哇！廣告還沒看完已經喊 +1 的爆款文案

教你在 LINE、IG、抖音，
寫出千萬流量與銷售的 54 個技巧！

許顯鋒◎著

目錄

Part 2 方法篇：
如何在 LINE、抖音、IG 寫出，
逼人一不小心就手滑的爆款文案？

第4章

文字就像說話說到心坎裡，
讓用戶秒下單！

如何靠自學寫出爆款文案，
她的秘密告訴你！

　　每一位文案高手，背後都有一段艱辛血淚史。今天的主角是葉小魚，以下是關於她的故事。

　　葉小魚從事自由業一年多、出版過兩本書、在幾個平台開授了口碑不錯的課程。對於自己的成績，她認為主要取決於三點：不信命運、去沉澱、去鏈接。

❖ 不信命運的小鎮青年，憑什麼征服大都市？

　　葉小魚是一位標準的小鎮青年，在眾人看來，畢業後去大城市安份做個國中中文老師，會是她的最佳選擇。可她偏不信命運，曾在大學圖書館閱讀過廣告年鑑雜誌的一篇文章，就此在心裡埋下一顆種子，急著去一個溫暖的城市點燃它。雖然這個決定遭到家人的反對，但她還是一個人偷偷買了張南下的火車票。

　　離開家的她，雖然只是在一家小公司寫文案，但對未來充滿了期許。其間她吃了不少苦，經歷了人生中最黑暗的職場生涯。

　　寫文案的工作並不如自己想像得那麼簡單，作文好不等於文

案好，因此懷疑人生、懷疑自己的日子常有。她當時月薪 3000 元，房租 1500 元，還在文案工作試用期做掙扎。常被主管批評，每月當月光族，各種新手文案會犯的錯，她基本上都犯過了。

後來，直屬上司向她伸出了援手，他教葉小魚別再一股傻勁地亂寫，要記住廣告文案的基礎要素，即 4P 理論：產品 Product、價格 Price、管道 Place、促銷 Promotion。同時向她推薦各種文案、營銷類書單。沒想到，這些竟然照亮了葉小魚的文案之路，從此一發不可收拾。

❖ 學會去沉澱、去學習

當自己能力不夠、積累的經驗不多時，根本就沒資格談自由，否則只能「吃土」。那時候，葉小魚只能努力去學習、去實踐，甚至去試錯。她把手上的每項工作內容都盡力研究透徹，甚至連續通宵 7 天趕進度，最後體力不支暈倒在公司。葉小魚也曾免費幫別人寫文案，只要有機會寫，必定全力以赴。

葉小魚學習如何看書、如何進行主題閱讀、如何將書本知識輸出，還用幾個月的薪水去報名營銷文案課。目前為止，市面上的營銷文案課她幾乎全上過。所以，即使這些年月薪在增長，可是她的存款一直停在三位數。

所幸每次掌握營銷文案相關知識後，她都很有收穫，並嘗試結合實際去運用，逐步累積一些成功案例，比如：經由文案，為一家服裝品牌帶來 80% 的客戶；為某天貓店商品詳情頁改進

文案，讓單品多賺 23 萬元；經由一篇文案，為某企業銷售了 30 萬元的商品；幫某企並寫文案，收入 10 萬元；經由不斷地創新，做出多個 10W+ 的互動案例……。

同時，越來越多企業開始邀請葉小魚去做文案培圳，比如招商銀行、王老吉、唯品會、樊登讀書會、光大保德信基金等，企業內訓課酬勞達到了每天 3 萬元。因此，當你用心去做一件事時，機會的大門會逐漸為你打開。

❖ 鏈接吧！靠近屬於你的光源

葉小魚自從接觸寫文案，幾年的時間，她的生活發生了翻天覆地的改變：收入倍增，從薄薪 3000 元到月入 10 萬元，從一位在深圳住過 350 元單人房、幾度掙扎的月光族，變為小有名氣的有志青年。

她不但出書，《新媒體文案創作與傳播》曾位居當當網暢銷榜第一名，入選為一流大學及多家高中教材；2019 年出版的《文案變現》，有幸得到廣告天后李欣頻、營銷大神小馬宋等「大咖」連袂推薦。

她也授課，將 10 年經驗歸納成一套銷售文案方法論，幫許多文案「小白」學會文案變現，使他們每個月多賺 3000~10000 元，有的人更是拿到了 3 萬元高薪的工作。

看到這兒，你可能會疑惑：學習文案真的有那麼容易嗎？不懂文案、不懂營銷，自己也能做到嗎？以前完全沒有接觸過，也

能做到月入十幾萬元嗎？葉小魚給出的答案是：可以！凡事都有技巧和方法，只要掌握了正確的方法，即便零基礎也不是問題。

葉小魚說，自己的學員來自各行各業，都是從零開始學寫文案，經過一段時間的學習後，就能快速上手寫出一篇篇營銷文案，實現賺錢副業。

這其中有太多勵志人物：家庭困難、高中綴學的四川雅安女孩蘇北，經由朋友圈文案變現，年銷售額達 1200 萬元，成了朋友圈賣貨的「明星導師」。

負債 40 萬元的小店家，靠一篇推文救活了自己的事業，瀕臨人生困境的他，後來還買了房子，在圈子裡小有名氣。

入職 1 年的「90 後」職場小白，靠業餘時間接文案，從月薪 3000 元，到寫出轉化率 110% 的爆文，賺到人生第一個 1 萬元。

這一切，都讓我們想到了稻盛和夫說過的這句話：「所謂的運氣降臨，只不這是你夜以繼日都在做著同一件事。」

Part 1

觀念篇
洞悉消費心理學，
用「圈層」、「理由」
洗出消費者的購買慾！

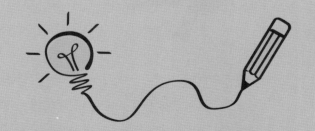

第 1 章

該如何用社交媒體，
洗消費者的「購物腦」？

1.1 ✎
在全球網路社交媒體上有一個新名詞「種草」，就是……

知乎曾經有一個「母親節禮物種草」話題（圖1-1），鮮花、保養品、首飾、傢俱用品、保健用品等都成為人們母親節「種草」的對象，有近 500 萬次的瀏覽量。

礼物　母亲节

关注者　5,928　被浏览　4,870,186

母亲节快到了，有没有值得推荐的母亲节礼物？
一年一度的母亲节又要到了，有什么推荐送给妈妈的礼物吗？大家有什么有意思有创意的东西推荐的～~

关注问题　　✎写回答　　➕邀请回答　　💬200万条评论　　✈分享　　🚩举报　　…

▲圖 1-1　母親節禮物種草

此「種草」不是要去栽花植草，而是泛指把一種事物推薦給另一個人，讓其他人喜歡這種事物的過程；或是自己根據外界所接收的資訊，對某種事物所產生的體驗或擁有欲望的過程。白話地說，「種草」就是把日常消費和網路社交結合起來的過程。

某公司白領員工：

「每次逛街買衣服之前，我都要在『小紅書』上做好功課，

看一看相關品牌的穿搭筆記,或者徵詢一下朋友的意見,找到自己喜歡的風格。再如,我要買單眼相機,知乎上就會有很多專業分享文,一個問題常常會有好多用戶來回答,讓我這個相機小白選到適合自己的相機。如果遇到有朋友對單眼感興趣,我也會把知道的內容再分享給對方,得到朋友的信任和認可。」

就像這位白領一樣,與朋友閒談的時候,都喜歡相互推薦分享,可見「種草」已經成為一種獨特的社交方式。

用戶可以種草任何東西,萬物皆可「種」。小紅書、B 站、新浪微博、知乎等知名網路平台,都有大量的種草內容。體驗曬單、定期盤點、種草好物、良心推薦等都是常用的標題。而這一切皆是依託社交媒體的發展,成為可能。

1.1.1　什麼是社交媒體

社交媒體有人譯為「社會化媒體」,由 Social Media 一詞翻譯而來。而此詞出自 2007 年出版的 *What is Social Media*《什麼是社會化媒體》一書,由美國學者 Antony Mayfield 所著。在這本書中,作者認為一系列線上媒體都屬於社會化媒體,具有參與、公開、交流、對話、社區化、連通性的特點,可以賦予每個人創造和傳播內容的能力(圖 1-2)。

而清華大學的彭蘭教授,對社會化媒體又做出了更具體的解析,認為它具有兩個主要特徵:一是社會關係與內容生產兩者間是相互融合在一起的,也就是說內容生產與社交相結合;二是

社會化媒體平台上的主角，不是網站的運營者，而是用戶（圖
1-3）。

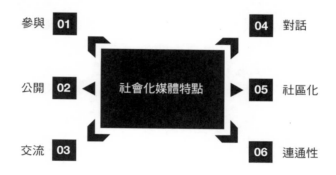

▲圖 1-2　社交媒體具有 6 個特點

▲圖 1-3　社交媒體兩大顯著特徵

　　從 BBS（論壇）中，人的單向大眾傳播，到以個人形式為
主動傳播的部落客，再到突顯個人價值的 SNS（社交網站和即
時通訊，如 QQ、微信等），移動社交媒體把個人的能力和身分
不斷解放和突顯（圖 1-4），幫助人們逐步建立屬於自己的社會
關係網絡。

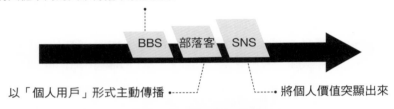

將人從單向的大眾傳播中解放出來

BBS　部落客　SNS

以「個人用戶」形式主動傳播　　　　　　　　　將個人價值突顯出來

▲圖 1-4　社交媒體的發展過程

　　不僅單方面地接收資訊，而且開始大規模輸出和傳播資訊。個人第一次實現了由自己主導的大眾範圍傳播，慢慢從受眾走向用戶，社交媒體也因此構建起新的社會網絡和社交模式。

　　目前，對於社交媒體的定義雖然表述不一，但人數眾多和自發傳播，始終是構成社交媒體的兩大要素。與此同時，隨著社交媒體的發展，越來越多媒體接入社交功能，包括傳統媒體和新媒體，都催生出更多細分的社交形態。

1.1.2　社交媒體的主要形式

　　當今社交媒體以微博微信、影片、直播、虛擬社群、即時通訊等為主，廣泛存在於網際網路應用的各個層面，形成多種傳播管道和運營模式，主要有以下四種：

模式一：平台型

　　為傳媒經濟提供意義服務，從而實現傳媒產業價值的一種媒介組織形態，主要經由某一空間或場所的資源聚合和關係轉換，被稱為媒介平台。其功能是回應需求、聚合資源、創造價值，微

信、微博就屬於典型的平台型社交媒體。

模式二：社群型

社交媒體成為個人構建網路關係的重要手段，而網路社群則是基於社交網絡形成的新的關係群體，這是一種「虛擬關係」，是隨著網際網路的發展，在血緣關係、地緣關係、業緣關係等社會關係之外，又催生的一種新型關係。這個關係中的個體具有歸屬感和群體意識，具有共同愛好、共同需求，定期分享內容、交流互動，由多種形式組成。

模式三：工具型

工具型社交媒體使社交工具化，此類社交媒體把社交作為網際網路產品中的重要元素，而不是主導元素，即用社交的思維做工具產品，社交只是工具，服務才是目的。

模式四：泛在型

泛在型社交媒體模式，更準確地說就是一種無處不在的社交連接。不是一種獨立形態的媒體，而是以社交屬性的內容和服務「嵌入」各類媒體形態中，既可以被新型媒體所應用，也可以為傳統媒體所吸納。時下流行的網路直播，也可以歸入泛在型社交媒體的範疇，那些互動性很強的娛樂類、遊戲類直播，實際上都是一種帶有媒介屬性的社交行為。

以上四種社交媒體模式相互連接、相互依存，不斷融合、不斷創新，並存於一個錯綜複雜的社交網絡生態中，並不是固定的單一形態，因此使得種草無處不在。

1.2

種草其實就是教你做
打動人心的廣告

　　消費者在滿足物質的需求之上，不斷有更高的追求，甚至想經由消費獲取精神上的愉悅或價值認同（圖1-5）。事實上，人們被「種草」的過程也是接收一種另類廣告的過程。

　　對於品牌來說，要適應這一轉變，不僅必須不斷提升產品的品質和功能，還要提升品牌形象和品牌調性，才能成為消費者用以彰顯品位的消費符號，也才能構建起自己的品牌和產品「種草生態」，從而滿足消費升級的社會需求。

　　不過，這裡指的廣告是來自外界、有意或無意的觀點與主張，並非商家費盡心思的宣傳，而是基於人際互動中更親密、更

▲圖 1-5　消費者消費時的心態

高效的資訊傳播模式。種草之所以如此熱門，其背後的原因主要有兩個方面。

1.2.1　能帶來流量，進而促成轉化

據相關數據統計，2018年中國人均每週上網時長超過26.5小時，其中佔用時間最多的是交際、遊戲、新聞、影片等。而這些社交媒體之所以能夠吸引消費者，是因內容能夠成功吸引受眾的注意力，有了注意力就意味著有了流量，有了流量就能夠引導受眾進行消費和變現。

比如作為一個既有內容又有社交的種草平台代表，小紅書的用戶可以在平台上運用文字、圖片、影片等形式，分享自己的日常動態，形成虛擬的社交圈。除了一般用戶分享的內容，一批影響力強的意見領袖在分享筆記或推薦商品時，往往能得到較大的關注量，甚至能形成相關領域的潮流，靠這些來吸引流量，轉化就成為自然而然的事情。

某研究生：

「五一打算去臺北玩，目的地定好之後，我就開始在知乎、微博上找攻略。經由『種草』，我們找到很多在臺北想去玩的地方。一切準備就緒，就等假期去一一體驗了。」

一名研究生會主動上網找與「臺北旅遊」相關的種草內容，作為出遊的重要參考和建議，可見選擇種草內容已不限於功能考

慮,而是在選擇一種生活方式、個性態度以及品牌背後所代表的符號化意義。

1.2.2　面對眾多選擇,「種草」更節省時間

　　面對眾多的消費管道、品類繁複的商品、海量的產品資訊,消費者不願意耗費更多的時間和精力進行挑選。而種草以圖文、影片的形式提供給消費者,節省了挑選商品的時間,既方便又精準。

　　富比世雜誌曾進行過一項研究,結果發現 81% 的受訪者表示,來自朋友、家人和同事的評論,會直接影響購買決策。由此可見,口碑對種草的成功率非常關鍵,這也是為什麼種草備受追捧、被稱為「帶貨新法寶」的原因所在。當前主流種草方式,主要有以下四種(圖 1-6):

開箱種草　　　　試用種草　　　　測評種草　　　　清單種草

▲圖 1-6　當前主流」種草方式

開箱種草

　　開箱種草是從使用者的視角進行拍攝,經由拆包裹、開箱、拆標籤等行為,向用戶全方位地展示產品,並予以試用,滿足用戶的好奇心,激發其對產品的好感度和購買欲。

試用種草

　　試用種草是指達人親自試用產品，並向受眾分享產品的使用感受、性能等。在這個過程中，分享者經由鏡頭將使用效果直接展示出來，真實性更高，可以全方位地向使用者傳遞產品資訊。

測評種草

　　測評種草是一種十分客觀的種草方式，指分享者經由一定的理論依據，針對產品的外觀、性能、功效等方面進行測試，並根據真實的測試結果深度評價。這種測評方式的可信度更高，能更有效地促進種草轉化。

清單種草

　　清單種草是一種內容更豐富的種草方式，分享者設定某種主題或專場，來匯集多種產品作行推薦，能有效引導粉絲購買，而推廣的產品自然置入，廣告痕跡相當弱，能有效避免受眾反感。

1.3

搞懂市場的消費心理——
商品熱賣的關鍵

行銷是場心理戰，掌握用戶的購買心理，是一個成功文案的關鍵。所以，對於撰寫文案者來說，直擊用戶消費心理才能事半功倍。

使用者在消費過程中，從看到產品到下單購買，會產生一系列微妙的心理活動。這其中包括對商品功能、價格、質量等方而的想法，以及對如何使用、如何成交、如何付款、什麼場景使用等產生聯想。

這些都屬於心理活動，對產品的銷售與否有決定性影響。因此，懂得重視和揣摩用戶的心理活動，是寫文案者的必備能力。下面就來瞭解一下，用戶購物過程中普遍存在的11種消費心理（圖1-7），很多文案屢創佳績，正是精準擊中了這些心理。

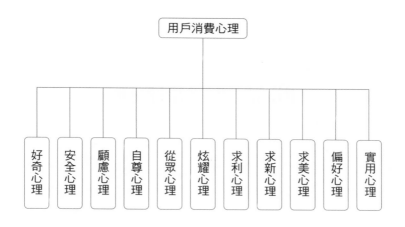

▲圖 1-7　用戶典型消費心理

　　(1) 實用心理：求實是用戶最基本的心理動機。任何人在選擇產品時，首先會考慮是否有實際的使用價值。在這種心理驅使下，使用者在選購產品時會先關注商品的效用，比如樸實大方、經久耐用等，而不會過度在意產品外形是否新穎、美觀時尚等。

　　(2) 偏好心理：在實用心理的基礎之上，還有一種以滿足個人特殊愛好和欲望的購買心理。因為不同用戶會有不同喜好，自然會購買符合自己偏好心理的品牌或者產品，從而獲得滿足。這一心理往往比較明智，指向性也很明確，具有經常性和持續性的特點，為一些品牌和產品帶來了持續行銷的機會。

　　比如有人愛養魚，有人愛收藏字畫、古董，有人愛旅遊等等。這種偏好心理往往與用戶的專業、知識、生活情趣相關。

　　(3) 求美心理：愛美之心，人皆有之，某些用戶挑選商品時，

往往會注重商品的造型、色彩、工藝等。他們會注重商品對環境的裝飾及對其自身的美化，以實現精神滿足的目的。

(4) 求新心理：此類用戶最注重新奇，特別愛追趕潮流時尚，作為彰顯自己個性的一種方式。大都為經濟條件較好的年輕人，是各種社會潮流的跟隨者和引導者。

(5) 求利心理：這類用戶喜歡精打細算，抱有一種「花小錢辦大事」的求實惠心理，打動他們的核心因素就是價格好。同時，他們在挑選商品時，往往會比較同類商品之間的價格，特別愛選擇打折商品。但具有這種心理的人並不一定經濟收入低，也有很多經濟收入高，卻精打細算的人。

(6) 炫耀心理：炫耀心理是愛美心理和時髦心理的一種具體表現，經由購物來顯示自己超乎於一般人。作為經濟收入具有明顯優勢的群體，會自然傾向於追求象徵尊貴的商品，以彰顯自己的優越感。

(7) 從眾心理：從眾的深層動機是安全感——買了這個我不會犯錯。逛電商平台的時候，用會下意識地購買銷量高的產品；外出吃飯，會選擇評價高的店或者網紅店；看到門前大排長龍的飲料店，會認為飲料口味一定好。

(8) 自尊心理：如果用戶在購買過程中，感受到了銷售方的熱情，就會產生積極情緒。反之，如果用戶在購買過程中被敷衍對待，自尊心就會受挫，以致另選商家。

(9) 疑慮心理：疑慮心理的核心是怕吃虧上當，是一種瞻前顧後的購物心理動機。有這種心理的用戶在購物過程中，會對商

品的功效、品質、性能等持懷疑的態度。因此，消費過程中他們會仔細詢問或檢驗商品，並且非常關心售後服務工作，直到疑慮完全消除，才會掏錢購買。

(10) **安全心理**：這類用戶在購買商品時，最關心產品的安全。尤其是藥品、食品、衛生用品、洗滌用品、電器和交通工具等商品的選擇上，會十分注意細節。比如食品是否過期、藥品是否合法、洗滌用品是否有化學反應、電器用品是否漏電、交通工具是否安全等。所有疑慮都打消之後，才會放心購買。

(11) **好奇心理**：有時候人們是為了滿足好奇心而買東西，從「啥是佩奇」在網路上爆紅（註：「佩奇」是卡通角色，台灣譯為「佩佩豬」），到抖音上層出不窮的新奇好物熱賣，都是這種購物心理的表現。

<u>1.4 ✏</u>

消費者有時買的是
「身分認同」

　　人人都知道吸煙有害身體健康，但能夠成功戒煙的人卻非常少，大多數戒煙廣告用嚇唬勸年輕人戒煙，但這是沒用的。年輕人大多比較叛逆，越是不被允許的事情越要去做，所以吸煙反倒成了富有冒險精神的正面行為。

　　很多年輕人抽煙並不是因為喜歡，僅僅為了耍酷，所以萬寶路的廣告一直都是牛仔形象（圖1-8），這就是做身分認同。

　　反向推論，如果勸年輕人戒煙，最好的辦法是把吸煙者形象

▲圖1-8　萬寶路廣告

定位成一點也不帥，甚至邋遢猥褻，才有望扭轉他們對吸煙行為的認知。

　　許多產品銷量糟糕的主要原因，不是定位也不是定價，而是身分認同處理得不好，使消費者在做購買決策的時候，覺得產品與自己的身分搭不上邊。比如有一款啟動電源，廠商把其定位為：

❝車搭檔❞

　　產品的目標使用者是有車一族，自然需要獲得經濟能力和審美上的認同，但顯然這樣的文案很難讓他們對這款啟動電源產生身分認同。後來，文案做了調整，改為：

　　安全出行，酷到不行。　　　　　　　　—— 車搭檔·南極光 PLUS

　　而且詳情頁也融入國際元素，用了又酷又帥的國際級模特兒，立刻就把銷量提升上來。再比如一些線上商家，之所以在圖片及設計上投入很多精力和財力，就是因為品質好的圖片和養眼的場景，能讓目標使用者產生身分認同，產生消費的欲望。

1.4.1　身分認同的重要作用

　　不要小看身分認同，很多時候，消費者不買就是卡在這個環節。比如大部分男性想買飛機杯，卻又克服不了心裡的羞恥感，

所以必須要用文案打造身分認同，如下：

> ❝「性福」的男人更成功。數據表示，飛機杯的使用群體多為社會精英。❞

這段文案告訴消費者，飛機杯是精英階層都在使用的產品，並且「性福」的人更成功。如此轉變消費觀念，能有效幫助消費者消除羞恥感。

1.4.2　年輕消費者的崛起

無論社交價值訴求、消費理念，還是消費喜好，「95 後」都呈現出與眾不同的一面。他們的典型特點是經常沉浸在抖音、小紅書、B 站、微博、知乎等社交平台上。他們不想和父母使用一樣的產品，獨立、青春、狂躁，要的是特立獨行，要的是自我的認同、打破規矩。為這些消費者打造身分認同感，成為一些品牌必須面對的考驗。

如 Levi's 牛仔褲，一度銷量下滑，就是因為年輕消費者不願再和父母穿一樣的褲子。最後 Levi's 採用了身分認同的做法，重新調整廣告文案策略，不直接展現產品的優勢和特點，廣告中只用一個優美而豐滿的裸露臀部來說明一切，同時把 Levi's 醒目的小紅商標釘在上面，配以文案如下：

> ❝ 沒有牛仔褲的牛仔褲廣告 ❞

　　這則廣告文案「殺人」於無形，視覺效果強烈而又毫不媚俗，吸引了眾多年輕人。這個創作思路非常簡潔而有創意，令人留下深刻的印象，堪稱上乘之作。而且這款超級顯身材的牛仔褲，只有年輕人能穿，身材發福的長輩穿不了。Levi's 牛仔褲成了年輕人專屬的產品，才重新拉回了銷量。

1.4.3　用戶購買的是社交價值

　　在過去很長一段時間裡，用戶的消費主要圍繞在商品的高性價比和服務功能上。比如，Apple 有一款純金錶帶手錶，曾賣至 129000 元的高價，一上市便在中國銷售一空。它的廣告文案如下：

> ❝ 這塊錶，好不一樣。❞

　　這句文案，沒有任何浮誇修飾，卻成為很多人購買的原因。難道用戶購買的，真的是手錶的功能和純金錶帶嗎？並非如此。這類高溢價的商品，人們更多是購買功能之外的東西，也就是社交價值。戴上這款手錶，會給用戶「潮」、前衛和精英的身分認同。

話題性

　　買了這個東西，立刻會被投以豔羨的目光，難免會問上幾句，接著用戶就可以跟別人炫耀了。

個性表達

有些用戶就是要買風格突出的衣服，才不管好不好看呢！只要不撞衫、不被無視就行。

情感興趣

使用者會根據自己的興趣來決定消費行為，比如自己喜歡小清新風格，那麼購買的任何東西都要是小清新風格。再比如如果喜歡海賊王，那麼跟海賊王有關的一切都要買。

高級感

很多時候，用戶也不知道哪個商品好，之所以購買就是因為很能顯示地位和品位。比如一款牛奶，如果廣告中強調它被銷往世界各地，用戶就會認為它品質好，喝這樣的牛奶會顯得與國際接軌。

1.5 ✎

強大網路社群力量——
999⁺ 的人都被洗腦了

　　社交媒體的強大帶動作用，促進了網路社群的興起，也讓人們對自己的定位越來越清楚，並且喜歡上這種圈層化和部落化的消費，並以此在社交圈中獲得信任與認同。

　　這種社群擁有共同的消費偏好與消費需求，逐漸呈現精細、垂直的趨勢。在 QQ 群、微信群、小紅書上，進行美食的推薦，便是維持該社群活躍度和忠誠度的裡要手段。這種利用社群培養種子用戶的方法，也是很多連鎖餐廳行銷的重要利器。

> ❝姚酸菜魚：遇見就會愛上。❞

　　比如姚酸菜魚巧妙地將吃魚與用戶的情感聯繫起來，告訴用戶，食物不僅能給予食慾滿足，還可以給予精神上的慰藉。由此，集結了一群狂熱的粉絲和死忠消費者，他們在社群裡分享各自的消費體驗，影響更多人來消費和體驗。

　　比如，小紅書以「社群＋電商」的模式給熱衷海外購的人群提供了一個口碑數據庫（圖 1-9），形成一個去中心化、扁平化

的社區，參與個體因興趣而自發分享和推薦，從而帶動平台的銷售。

在這個模式中，社群成員兼具傳播者與接收者雙重角色，也因此具有更高的表達欲、參與度和創造性。人們在社群中尋找自己需要的資訊，也發佈自己真實的感覺，無形中共同建立起一種相互交織的社群關係，從而觸發頗具能量的社群經濟。這就是依靠成員對社群的歸屬感和認同感建立，經由服務於社群與成員的需求，而得到相應增值的典型案例。

▲圖 1-9　小紅書「社群＋電商」模式

在網際網路環境下，超強的傳播效應與社群本身超低的運營成本，使得社群非常容易向外拓展，動員效果一級棒。目前因此變現的社群，簡單來說可以分為以下六類（見圖1-10）。

1.5.1　產品型社群

產品型社群需要靠口碑行銷，與使用者構建深度連結關係的社群，在產品品質好的情況下，能夠很容易讓使用者成為口碑傳播者。

▲圖 1-10　變現社群分類

　　「群蜂效應」是指一群有相同興趣、認知、價值觀的用戶聚在一起，經由互動、交流、協作、感染，對產品本身產生「反哺」作用，一般產品型社群都具有這種特點。

　　優質的產品能直接帶來可觀的用戶和粉絲，而產品的本質即連接的仲介，人因產品而聚合成為社群。與工業時代相比，網際網路時代的產品不僅承載了功能屬性，還承載了趣味與情感屬性。這些產品社群，雖然有實體經營的產品，但其銷售方式卻顛覆了傳統方式。線上線下相結合，充分激發粉絲的參與度和活躍度，最終實現行銷的輝煌奇蹟。

1.5.2　流量型社群

　　流量型社群的主要盈利模式是聚集流量、推廣產品，並不倨

限於某一種產品。此類社群的成員有相同的價值觀、認同感和興趣，並因此聚集在一起。依此形成的社群，用戶可以穩定互動、黏性較高。

那麼，只要社群規模合適，就會變成一個管道，可以去做各式各樣的推廣，因為群內成員「精準」。簡單來講，就是把流量聚集起來之後，利用這些流量去賺錢。比如說現在常見的汽車車友群、電影下載群等等。

1.5.3　工具型社群

工具型社群的理念是：社群就是工具，找到目標使用者的痛點，來解決用戶的問題並增加用戶的黏性。社群其實在某種程度上，就像產品一樣，是產品就需要提供價值，而價值是在特定場景下的價值，離開了場景，談價值就是空談。

1.5.4　興趣型社群

興趣型社群是指社群成員有共同的興趣和愛好，日常交流和互動都是圍繞這兩點展開。此類社群形成的關鍵是「同好」，基於同好積極地在社群中分享、互動和收穫，會出現大量的死忠擁護者。較為常見的類型有手機、汽車、運動、攝影等等。

1.5.5　知識型社群

知識型社群是興趣型社群另一種延伸。知識型社群成員非常喜歡分享自己的知識和經驗，由和成員交流和學習，得到肯定和

尊重。由於成員是主動自發地交換意見和觀念，因此此類社群中經常會出現思想上的激烈碰撞。

這類社群通常出現在企業團體內部，由組織成員自動自發組成，進行知識分享和學習，其凝聚的力量是人與人之間學習的興趣和交流的需求，而不是硬性的工作規定或任務。

比如，2010 年年底上線的「知乎」，就是典型的知識型社群。經由成員間答和知識分享的形式，為社群用戶源源不斷地提供高品質的知識資訊。

1.5.6　品牌型社群

品牌型社群是產品型社群的一種延伸。品牌型社群與成員之間的聯繫是以情感利益為紐帶的，一切以成員對產品的特殊感情和認知為基礎。他們認為品牌能夠展現形象和體驗價值，認為這種品牌價值符合人生觀和價值觀，在心理上得到歸屬感。

1.6

把消費者當朋友，流量變現的秘密武器

私域流量目前還沒有統一的定義，但是普遍認同私域流量的用戶是沉澱、留存在自己的流量池中，具有直接觸達、反覆利用、免費等等特點。這些流量池包括公眾號、微信號、微信群、QQ 群、App、官方網站、會員卡等。

相比之下，公域流量就是那些雖然有很大流量，但是需要花錢才能轉化的，比如淘寶、京東、百度這些平台流量。私域流量具有比較封閉的環境，用戶之間的關係比較緊密。

無論考慮用戶習慣還是導流成本，個人微信號目前來說是比較好的選擇，不僅可以和用戶進行一對一交流，還可以經由朋友圈的精細化運營達到行銷目的，取得使用者信任，並實現轉化變現。

長遠來看，私域流量不管是對企業還是個人都有巨大的價值，屬於真正的無形資產。如今付費習慣已經發生了很大變化，付費者與被付費者不是簡單的交易關係，而是從買賣關係轉變為「朋友關係」。

例如，小張大學畢業沒多久，是周杰倫的死忠粉絲，不管周

杰倫在什麼地方開演唱會，她都會買一張最貴的門票。錢包已經乾癟，為什麼非要買最貴的門票呢？她的回答很簡單：「只有我的周杰倫過得好了，我才更有面子。」這說明付費者只要和被付費者產生情感連結，就願意毫不猶豫地買單。

　　因此，現今的電商也好、線下零售也好，必須要會建立自己的私域流量。如果建立起一個良性的私域流量體系，能和用戶建立情感聯繫，引導用戶從新手成為種子用戶，無形中實現用戶黏性和平台價值的提升，最終達成口碑裂變而變現，整個過程一氣呵成。那些適合在私域流量種草的產品，大多具有以下三個特點（圖1-11）：

▲圖 1-11　私域流量種草變現的產品特點

1.6.1　高客單價產品

　　客單價（圖1-12）是指每個顧客平均購買商品的金額，即平均交易的金額。直接經由平台變現的產品，一般屬於中低價位，較容易觸發使用者衝動消費。所以，如果一款產品價格偏高，無法讓用戶產生衝動購買，可以轉由私域流量來變現。俗話說的「三年不開張，開張抵三年」，通常描述的都是這一類高客單價產品。

　　普遍的高客單價類項目有珠寶首飾、家電汽車、名牌、奢侈

$$客單價 = \frac{銷售總額}{成交總筆數}$$

▲圖 1-12　客單價計算公式

品、傢俱、樂器等。例如汽車，一天只要賣出去幾台利潤就很高了，需要的人事成本和工作量比賣食品低很多。因為同樣的銷售額，或許高客單價產品用一單就能賺到利潤，低客單價產品卻需要幾百件產品的銷量才可能達到。

1.6.2　複購性強

零售市場的本質，其實就是一場品牌和產品對於客戶的持久爭奪戰。為了發掘新的顧客，品牌方可謂使出渾身解數，投入大筆營銷費用，制定各種推廣方案，只為在狼煙四起的市場競爭中抓住顧客的注意力。然而，顧客往往不是忠心的，而是遊蕩在不同品牌與商家之間，想要永久留住他們並非易事，維持一個老客戶的成本，要比招攬新客戶高很多。

所以，適合私域流量變現的產品，一定要有比較強的複購屬性，比如 3~6 個月內用戶會再次或多次購買。

1.6.3　有情感連結

如果我們在 Line 群組裡發了一個產品訊息，卻沒收到任何回饋，這和在電視上看廣告有什麼區別？私域流量也就失去了意義。

　　朋友開了一家小餐廳，你會因此而時常光顧，雖然並沒有什麼折扣，僅僅只是照顧朋友的生意；因為你喜歡的明星代言了一個品牌，你就再也沒有買過其他品牌的同類產品……。諸如此類，你和產品產生某種情感上的連結，消費行為就在自然而然的過程中完成了。

　　選擇去朋友開的小餐廳吃飯，並不是衝著飯菜美味，而是因為在思考決定去哪家餐廳吃的過程中，會先想到在哪裡吃其實沒什麼大的區別，但能夠照顧一下朋友的生意，無疑皆大歡喜。同樣道理，選擇哪個品牌的產品其實不是最重要的，重要的是有沒有你喜歡的明星代言，這才是讓你決定買哪個牌子的關鍵所在。

　　所以，產品除了有功能價值外，還需要衍生情感價值，讓使用者和產品之間產生強烈的情感連結，而自發地關注產品。同時，激發流量池中使用者之間的連結，促成使用者黏性更大化，才能催發出更多的變現轉化。

第 2 章

第二步：要懂得「圈層」，
別想要討好所有消費者！

2.1 ✎

針對「圈層」就好，
不必討好所有消費者

在百度中搜索「京東物流＋馬拉松」，你會發現，廣州、上海、西安、武漢等地，幾乎哪裡有馬拉松哪就有京東物流。京東這個行銷策略，與其說在尋求跨界，更貼切地說是有目的地針對運動「圈層」做深層滲透。

因為，馬拉松圈層裡都是具備競技意識的運動人，對速度、效率更為敏銳，以「快」著稱的京東洞察到這一點。同時喜歡運動的人大多具有不錯的消費力，是京東的第一消費梯隊，撩動這個群體對京東有雙重效益。

改變世界不是超人，而是永不止步的人。——京東物流·2019 建發廈門馬拉松官方唯一指定物流供應商

京東將目光鎖定跑圈中極具口碑的「悅跑圈」（註：悅跑圈是一款社交型跑步應用程式，中國線上馬拉松的首創者），快速將目標圈層納入。此舉一是強調品牌速度，二是對跑圈的人喊話：「我懂你，且我與你一起。」

在這個行銷活動中，京東作為一個品牌商，沒有直接與使用者談產品，而是借助廈門馬拉松在悅跑圈內的影響力，發起互動話題打卡，引發平台大咖參與，從助跑廈門馬拉松的角度，塑造了一個暖心的品牌人格，開創品牌與使用者舒適和諧的相處方式，從面引發互動與影響。

悅跑圈意見領袖、運動達人成了京東的「傳聲筒」，借助他們的微博、悅跑圈社群、朋友圈等社交網絡，京東得以抓取他們背後龐大的粉絲群體於關係鏈，就此擴展圈層邊際，選擇在一刻全面引爆，激起社交平台陣陣漣漪。

由此可見，行銷的過程不一定要有十足的創意，也不用嘗試討好所有人，沒有噱頭也沒有暴力，只是運用自己的節奏，慢慢滲入關聯度集中的小眾圈層。再借這個圈層，提升品牌聲響及知名度，連結更廣泛的粉絲和消費群體，此舉無疑精準且有效。

2.1.1 圈層行銷，定位最重要

所謂圈層就是每個人所處的圈子＋層次，比如公務員圈層都是政府機關的公務員，外送員的圈層大多都是外送員，主管的圈層大多也都是主管階級。

每個產品在生產和投入市場之前，就應該想好：這個產品對應的圈層是什麼，有哪些人群，具有什麼樣的特點等等。然後再設計行銷規模和模式，經由核心圈層影響力輻射週邊人群。

很多產品在早期沒把定位搞清楚，大多都是有一個感覺然後就去做，雖然在過程中，發現問題時會做調整，最終也走上了正

軌，但卻浪費了很多時間、精力和資金成本。

> ❝這一杯，誰不愛，luckin coffee。❞

　　從 2018 年開始，許多白領階層都會開始注意到瑞幸咖啡（Luckin Coffee）。這個咖啡品牌非常有人氣，卻非上市不久，在它投入市場前就已經有相同模式的連咖啡。雖然連咖啡和瑞幸咖啡的「小藍杯」都為產品設計了分享機制，連咖啡更採用了贈送、團購等宣傳方式，卻沒有紅起來。

　　比起連咖啡，小藍杯以「這一杯，誰不愛」的品牌價值，深入新中產和文藝青年群的內心世界（圖2-1）。而喜歡工作時喝咖啡的核心消費群體就是這兩類人，可見小藍杯的定位非常精準。而連咖啡的定位則過於普世化及快消品化（註：快消品指銷售速度快、價格相對較低的商品），不管對哪一類人群來說都適

▲圖 2-1　瑞幸咖啡的小藍杯廣告

合，卻也不痛不癢。從產品角度來講，就是沒有定位好，沒有找到自己的核心圈層用戶。

2.1.2　預熱傳播三步驟

圈層傳播從預熱到傳播，一定要循序漸進，可以採用影片、話題、挑戰邀請三步驟，逐步深入。以廣汽新能源為新款車型 GE3 530 造勢行銷為例，他們沒有大範圍投放廣告，只在官方微博平台同品牌的死忠粉絲及用戶間做宣傳。

第一步：發佈影片

官方微博發佈宣傳影片（圖 2-2），影片主要講述一名特工獲得了機密檔之後被敵人追捕，最後駕著新款車型順利逃脫的故事。同時為了進一步吸引受眾關注，配合宣傳影片，順勢推出特工逃脫版遊戲 H5，鼓勵受眾闖關挑戰。

▲圖 2-2　廣汽新能源新款車型宣傳影片

像這樣經由遊戲，深度植入新車型的產品性能，不僅加深受眾對新車型的體驗和好感，更提升對品牌的認同和了解。

第二步：微博話題

在經歷循序漸進的預熱之後，H5順利上線。廣汽新能源選擇在傳播力最高的微博、微信發佈。在官方微博，H5以海報形式上線（圖2-3），使用者可以保存圖片、掃條碼體驗。此外，還採取轉發抽獎的形式，鼓勵受眾積極參與。

▲圖 2-3　特工逃脫版遊戲 H5 海報版

在官方微信，H5以閱讀原文的形式上線，用戶直接點選連結即可體驗。兩種方式雙管齊下，提高了H5的曝光度，給予受眾更多參與方式。

第三步：邀請互動

在粉絲參與熱情高漲時，官博趁熱打鐵拋出通關挑戰邀請，刺激粉絲的好勝心，吸引受眾參與。同時每隔兩小時公佈一款闖關秘箱海報（圖 2-4）。海報幽默風趣卻不失暖心，助力粉絲通關進入裂變環節，以此在微博引發熱議。

▲圖 2-4　通關秘笈海報

綜上分析，小圈層行銷的影響力必定不如「大撒網」，但這種目的性較強的行銷，利用原有的粉絲和微博關注度，能更精準有力抓住受眾心理，相比大面積撒網，垂直性的傳播更有效果。

2.2 🖋

捕捉到情緒，
文案才能打動人心

　　我們無論是看《三國演義》，還是余華的《活著》，之所以印象深刻，都是被作品中一個個形象鮮明的「人」所打動。無論是感動、憤怒或惋惜；不管是宏大敘事的古典著作，還是描繪時代片段的現代作品，都是經由一個個的人來作為承載對象，引發讀者產生情感共鳴。

　　比如最偉大的演講家之一馬丁路德・金，在談論「種族平等」這樣的宏大議題時，也是把問題映射到一個個具體的黑人小孩子身上，以此打動人心：

❝ 我夢想有一天，在喬治亞的紅土上，昔日奴隸的兒子將能和昔日奴隸主的兒子坐在一起，共敘兄弟情誼。

　　我夢想有一天，甚至連密西西比州這個正義匿跡、壓迫成風、如同沙漠般的地方，也將變成自由和正義的綠洲。

　　我夢想有一天，我的四個孩子將在一個不是以他們的膚色，而是以他們的品格優劣來評價他們的國度裡生活。❞

歸根究底，文案是人與人之間的溝通，而講究深入人心的文案更是如此。文案的支撐點，必須把人作為獨立的個體，而不能歸為籠統的群體。這就是為什麼「極致高貴，享悅生活」、「歐式貴族，尊崇人生」這樣的文案看似高級，但看完之後卻毫無感覺的原因。而萬科的文案「最溫馨的燈光，一定在你回家的路上」，卻讓人心頭一熱。

　　所以，說「人話」是好文案的第一原則。那麼說「人話」有沒有一個標準呢？事實上，這個標準並不在於遣詞造句，而是看整篇文案的著眼點在哪裡，不妨從以下兩個方面動筆。

2.2.1　回歸本性，小中見大

　　假設現在讓我們要呈現某個高級社區生活閒適、居住愜意的特點，「極致舒適」這樣的俗套描繪，遠不如下面這段名為《先生的湖》的文字：

　　“魚什麼時候來，是魚的事；先生什麼時候來，是先生的事；先生來釣魚，那是先生和魚的事，先生的湖，是先生和魚的心靈居所。**”**

　　對於愜意的理解，不同的人有不同的感受。如果對於一個工作繁忙的成功人士，能悠閒地釣一天魚就是最大的愜意。在這個過程中，管他魚是不是上鉤，釣魚休閒自在的過程才是他們真正想要的生活享受。

　　這個理論和文學作品是一樣的道理，無論怎樣偉大和高尚的品牌理念，「自high式」的大聲嚷嚷是沒用的，不會引起用戶注意。真正能打動人心的，最終還是要回歸到人的內心深處。

　　我們的行銷對象，是一個活生生的人，要打動他們的心，就必須跟他們說「人話」。所以，在傳達品牌或產品理念及功效時，要掰開、揉碎，一點點地滲透到用戶生活的各種細節中。

2.2.2　洞察生活，捕捉情緒

　　什麼是洞察？就是看透用戶生活的小心思，並有辦法消解。大街上的每一個人，大都過著平淡的生活，沒有經歷過什麼大悲大喜、大起大落，春夏秋冬過著自己的小日子。生活中常有的好情緒不外乎一些人之常情：回家的渴望、戀愛的歡愉、升職的快樂、升學的興奮、為人父的緊張、吃到一頓好菜的滿足、買到一輛好車的驕傲等。而最常見的艱難也不外乎：歸鄉的情怯、工作不順的失落、面試的緊張、逼婚的煩躁、離家的落寞、畢業的惶恐、加班的抱怨等。這些看似不值一提的小情緒，卻是人們整個人生喜怒哀樂的全部。

　　所以，文案必須將品牌或者產品特點，揉進使用者生活中的這些小情緒。只有觸碰到人們不易覺察的這些小情緒，人們才會有「你懂我」的共鳴感，而這個過程，就是說「人話」。事實上，在捕捉用戶小情緒的文案中，酒類最有發揮餘地，也最容易出色，其中最為典型的就是江小白。

　　比如表達孤獨（圖 2-5）：

❝ 所謂孤獨就是，有的人無話可說，有的話無人可說。**❞**

▲圖 2-5　江小白廣告文案

比如表達懷念青春（圖 2-6）：

❝ 青春不是一段時光，而是一群人。**❞**

▲圖 2-6　江小白廣告文案

比如表達失落（圖2-7）：

❝肚子胖了，理想卻瘦了。❞

▲圖 2-7　江小白廣告文案

　　孤獨、青春和失落這些情緒，每個人都有過，江小白文案圍繞這些情緒，挖掘得夠深、表達得夠準確，因此抓住了用戶的心。所以當品牌要傳達一種理念時，與其較為宏觀地表述，不如多注意觀察生活中的小細節，精準抓住用戶某個不經意的小情緒，去感知、去共鳴、去關注，讓用戶對品牌產生好感、產生共鳴。

　　有些文案之所以寫出來讓人有「假大空」的感覺，就是因為沒有仔細觀察生活，所寫的只是自己的想像，不接地氣，寫得尷尬，讓人看得無感。

2.3

不是便宜的最好賣，
消費者更看重「價值」

　　營銷有一個基本規律：高價上市，先難後易；低價上市，先易後難。因為過分在意價格的用戶，既然能被你的低價誘惑，也很容易被其他商家的低價誘惑。而一個品牌和產品的市場成長，在於不斷積累忠誠度高的消費群。

　　比如用戶要買一間房子，預算 1000 萬元時，他未必會買800萬的那間，而可能選擇 990 萬的那間。這並不難理解，儘管每個人都希望價格更便宜，或者賺到更多便宜，但沒有人會希望買到房子之後，自己的家庭生活也是「廉價」的。

　　❝父母把我養大，還要幫我帶孩子，我欠他們一個體面的生活。❞

　　萬科這個《重要關係，需要高級空間》廣告文案（圖2-8），正是抓住了用戶不一定只想貪圖便宜，而會想為愛的人提供一個有品質的生活空間。所以，他們願意買萬科的房子，儘管這個房子比用戶預期的價格要高一點。

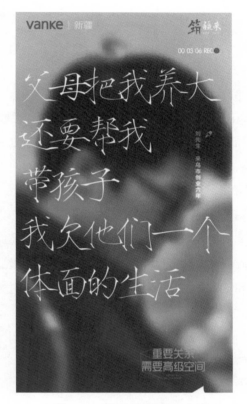

▲圖 2-8　萬科地產廣告文案

　　所以，品牌佔領市場時的廣告宣傳，一定不能以無底線的低價作為吸引用戶的誘餌，那只會讓銷售的路越走越艱難。這就是為什麼做生意的時候，老闆會遇到這樣一種現象：明明已經把價格降到最低了，顧客還是不願意買，甚至還會覺得貴。

　　這其中最主要的原因，是因為顧客並沒有覺得占到了便宜。

或者說，他不會為了便宜去消費，而更看重值不值得。拋開價格，產品行銷可以從以下兩個方面入手。

2.3.1　增加附加價值

　　戴爾‧卡內基說過，天底下只有一種方法能使人們立即行動，那就是明確行動的益處。對於一個好的文案來說，所謂的利益並不是產品本身具有的核心價值，而是附加價值。附加價值越大，用戶購買的概率就越大。

　　所以，露華濃高級主管會對員工說：「你賣的不是口紅，你賣的是希望。」IBM 的行銷總裁會對他的推銷員說：「每個成功的推銷員都知道，你賣的不是產品本身，而是產品帶來的利益和價值。」那麼寫文案時，如何才能增加產品的附加值呢？以一家旅館的文案為例。

　　旅客的核心需求是「休息與睡眠」，圍繞這個核心需求，旅館會提供相應的服務。

　　第一，提供「本能產品」。即滿足「休息與睡眠」這個核心需求的基本用具，比如旅館的房間、床、桌子、衣櫥、浴室、毛巾、燈具等。這是服務旅客需要的最基本條件或形式。

　　第二，提供「期望產品」。即旅客期望有乾淨的床、新的毛巾、工作抬燈和相對安靜的環境。這是他們選擇入住時期望和默認的條件。

　　第三，提供「附加產品」。如在旅館裡，增加電視、鮮花、迅速入住、結帳快速、美味晚餐和高品質的房間服務等。這是為

顧客提供的增值服務。

第四，提供「潛在產品」。如旅客發現了專門為自己準備的鮮花或者生日蛋糕之類的禮物，這種「潛在產品」就是一種新的服務形式，即為使用者提供驚喜的服務。

總而言之，圍繞核心價值，在文案中增加顧客特別需要的某些附加價值，就能提高銷售的成功率。

2.3.2　提供組合價值

產品是價值的載體，品牌的所有核心價值和附加價值都需要由產品來承載和傳達。所以，在寫文案時，要圍繞產品種類、性能、品質、設計、組合、品牌名稱、規格、服務、包裝和退貨等方方面面，從用戶價值需求的角度考慮所有細節，最後用文字呈現出來，讓用戶能夠感受到自己的價值需求可以得到充分滿足。比如蘋果公司，將 iPad 能夠提供給使用者的組合價值分為以下四種：

基本因素：可看電影、看電子書、編輯文件、玩遊戲的隨身產品。

期望因素：最低約 3200 元的售價、10 個小時的續航能力、遍佈全球的 3G 網路。

欲望因素：支援 WiFi 和 WiFi+3G 兩個版本、可更換電池。

驚喜因素：有更多的支援內容，包括 App store 裡各種應用程式、《紐約時報》等報刊。

寫文案時，可以根據自己對使用者的價值認知，列出對產品

和服務有影響力的所有因素，然後將這些因素分為某本因素、期望因素、欲望因素和驚喜因素（圖 2-9），最後再將這些因素組合起來，制定出能戰勝競爭對手並贏得用戶的方案。尤其當你的產品價值較單一時，就更需要提供組合價值，才能發揮核心價值的作用。

再比如，同樣是銷售一款遙控玩具，一般文案只讓人看到產品本身，強調這款玩具如何操縱自如、如何好玩，諸如此類一一展示給用戶，生怕有遺漏，卻忽略了產品對使用者有益的組合價值。

▲圖 2-9　產品的組合價值

比如孩子在玩玩具的過程中，會培養自我控制、自我協調的能力，有助於形成抵抗外界不良干擾的心理素質。同時還能培養孩子的團隊能力和領導能力。所以，相比之下，向使用者提供組合價值的文案，在促成用戶消費上，更勝一籌。

2.4 ✎

戳到痛點的文案，
第一眼就會被記住

什麼是痛點？有人說痛點，是未被滿足、急需解決的需求，也是人們的剛性需求，俗稱「剛需」。但真的是這樣嗎？

事實上，不是所有的剛需都能成為痛點。在經濟學理論中，痛點的本質不是一個未實現的目標。因為如果目標未實現、沒有被滿足，只會讓人難受而已。痛點不妨理解為用戶最害怕的一點，也就是用戶最恐懼之處，若解決不了，生活就很難繼續。

那麼用戶最恐懼的痛點都有哪些呢？可以參照馬斯洛的需求模型（圖 2-10）來解答這個問題。圖中越往下的需求若未能滿足，用戶越恐懼。這些痛點都有一個共性，那就是未知性。那麼，具有未知性的痛點該從哪裡尋找呢？可以參照下述兩方面。

2.4.1　從用戶內心找痛點

寫痛點文案之前，要先精準捕捉用戶真正的痛點，把它用文字放大呈現出來。讓用戶能夠從中產生情感共鳴，重新審視自己的現狀，找到不合理之處，最終下定決心改變。關於這一點，我們可以參照行銷達人李叫獸歸納的 11 個痛點心理範本。

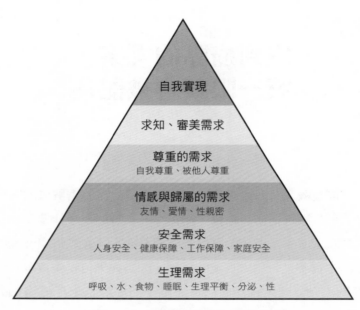

▲圖 2-10　馬斯洛的金字塔需求圖

補償自己（在辛苦付出努力之後，我們往往想對自己好一點，補償一下自己）。

補償別人（別人為自己付出太多，想補償他人）。

落後心理（不甘心落於人後，改變行為）。

優越心理（讓我感到優於他人，並且值得炫耀）。

擇優心理（看兩個選擇中，哪個對我更有利）。

經驗習得心理（不重複同樣的失敗，進行有利選擇）。

理想身分心理（我也想成為你說的那樣的人）。

迴避身分心理（不想被看成自己不想成為的那種人）。

完型心理（不能因為差一點，就讓之前付出的努力白費）。

兩難心理（兩個選擇都想要，如果都能獲得就完美了）。

一致性心理（我的理念和行為向來都是一致的）。

以上一共 11 種痛點模型，可以代入自己的文案之中，作為一種構思時的通用手段。在很多爆款產品、廣告文案中，就是利用這些範本，去捕捉不同人群和不同場景中，目標使用者產生的心理痛點。比如：

❝ 如何花 485 元，做到 30 天 PPT 從入門到精通？ ❞

❝ 每天花一分鐘學一招金句文案，每月多賺 1 萬元！ ❞

從以上兩句文案中可以看出，從用戶想精通一門技術、多賺一些的迫切需求，卻又怕花錢、怕佔用太多精力、怕學不到扎實內容的內心擔憂入手，找準用戶真正的痛點，一語中的，讓其不由自主地動心。

2.4.2　從使用場景找痛點

據統計，一整天時間裡我們大約要接收 1000 條廣告。即使不看這些廣告，也有大量的新聞、影片、遊戲等，隨時隨地供我們消磨時間。可以說，大部分人每天的碎片時間都被填滿了。

在這種情況下，如果你還是按照下面的套路寫文案，用戶就會直接無視。

地產文案：

"一席尊天下，給世界一個新的高度。"

"山湖之上，尊貴生活。"

產品文案：

"智享科技，悅啟生活。"

"簡於形，型於心。"

"遇見更美麗的自己。"

這樣的文案用在哪個產品上都可以，找不到用戶痛點，自然說不到用戶的心裡去。那麼有沒有方法可以在第一次觸達用戶時，就能產生購買興趣？

這裡提供一種有效的手段，就是每當用戶經歷某個場景，使用產品特別不方便時，你的文案如果能基於他的這種不便，找準他的痛點，那麼當他下一次遇到同樣狀況時，第一時間就會想到你的解決方案。比如：

怕上火場景：怕上火喝王老吉（王老吉文案）
心理痛點：怕上火

手機沒電場景：充電 5 分鐘，通話 2 小時（OPPO 文案）
心理痛點：怕手機沒電

　　以上這幾個廣告語的例子，就是將產品使用的場景與用戶痛點緊密結合起來。事實證明，結合得越緊密，使用者想到我們的產品就會越快，越可能產生購買行為。具體方法有以下三個供參考：

　　開門見山式：給解決方案─設置場景代入─心理痛點。

　　突顯憂慮式：心理痛點─設置場景代入─給解決方案。

　　突顯信心式：用戶轉化成本─設置場景代入─心理痛點─給解決方案。

2.5

用「有料」的內容，
吸引注意力

　　任何人都不喜歡看廣告宣傳文案，這是所有產品在做廣告文案策劃時，必須要面對的事實。所以，成功的文案最關鍵的一步，是如何吸引用戶至少能夠「看一眼」。

　　在資訊的汪洋中，網際網路經濟的競爭，本質上是注意力資源的爭奪戰。當下最流行的短影片，要麼搞笑、要麼勵志、要麼雞湯……，往往在開始的十幾秒內就使出渾身解數，為的就是能在碎片化的時間裡，帶給受眾更強烈的刺激和感受，爭取到受眾的注意力。

　　所以，成功的文案，要麼有亮點，要麼有「槽點」，或者短平快地解構、無厘頭、戲謔、反差萌，都可以充分啟動用戶的獵奇心理，用新奇的「料」和「梗」抓住其注意力。同時，採用接地氣的圖文影片和娛樂化的傳播方式，降低使用者獲取資訊的成本，增加資訊可讀性，順應使用者求「懶」的心理。

　　總之，有料的訊息能夠快速抓住使用者的眼球，不但不會引發抵觸心理，反而會激起興奮的情緒，從而使人產生購買欲望。例如肯德基在「瘋狂星期四」的活動中（圖 2-11），經由明星代

言、挑逗味情的文案、誘人的圖片來吸引眼球，讓用戶在短時間內獲取到產品資訊，形成消費行為。

▲圖 2-11　肯德基「瘋狂星期四」活動海報

　　那麼，在文案創作上，有哪些「有料」的技巧能夠吸引用戶的注意呢？

2.5.1　要有知識缺口

　　當我們覺得自己的知識出現缺口時，會產生心理上的痛苦，這時好奇心就會產生。這是卡內基梅隆大學行為經濟學家洛溫斯坦對好奇心的解釋。那什麼是「知識缺口」呢？洛溫斯坦認為正常情況下，人們的認知可以解釋自己看到的現象，也就是說兩者的關係是相伴平行的（圖 2-12）。

　　可是當某種特別的現象出現，人們的認知無法解釋時，會產生一個缺口（圖 2-13），好奇心由此而生，從而促使人們想方設法去搞懂這個現象，以填補缺口。

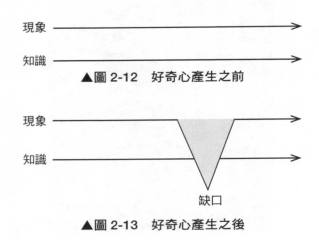

▲圖 2-12　好奇心產生之前

▲圖 2-13　好奇心產生之後

比如當有人聲稱：

我在街上看到一個人在用腳走路！

人本來就是用腳走路的，誰都不會為此好奇。可是當有人告訴我們：

我在街上看到一個人在用頭走路。

這個現象用我們的知識就無法解釋了，人怎麼會用頭走路？這個人為什麼用頭走路呢？好奇心便產生，注意力就會被抓住，想馬上填補這個知識缺口。所以如果文案想要讓用戶產生好奇心，就必須先在他們的知識上打開一個缺口。

2.5.2　試試反邏輯

每個正常的人都有自己的正常邏輯。這個「正常邏輯」雖然不一定絕對正確，但由於人們在自己的工作生活中一直都在運用和服從這個邏輯，所以幾乎每個人都有自己的思維慣性：因為 A，所以 B。比如：

因為去洗澡，所以要脫衣服。
因為發生壞事，所以人們會悲觀。
因為是外國人，所以要過耶誕節。
因為我要彈鋼琴，所以大家要安靜下來。

如果事件是按照這些正常邏輯發展，人們就沒有興趣去關注。因此，如果想要引起使用者注意，必須將正常邏輯反過來，

製造一種非正常邏輯，也就是反邏輯。比如：

最好穿著衣服洗澡。

由於江景太壯觀，所以建築是全玻璃幕牆無遮攔，掛簾不掛
簾。新標準，不解釋，說一不二。　　　　　　　　——定江洋

定江洋地產文案就做到了這一點：為什麼「最好穿若衣服洗
澡」呢？這一反常舉動引發了人們的好奇心，最後才弄明白，原
來定江洋地產的住宅是「全玻璃幕牆無遮攔」，很明顯使用了反
邏輯技巧。是啊，如果住宅全是玻璃幕牆，那必須得保護隱私。
這樣一來，經由搞笑話語，使得使用者接受了這個反邏輯，產品
賣點就此成功植入其心智，留下深刻印象。

2.5.3　製造極致資訊

製造極致資訊也是文案最為常用的技巧之一，因為將產品的
某個特點放大到極致，在操作上十分簡單。《北京青年報》曾發
佈過一組創意主題文案《新聞是有份量的》。在這組文案中，將
「新聞的份量」這個賣點充分放大，把想像發揮到了極致（圖
2-14）。

❝重到汽車被壓得翹了起來。❞

國際推銷專家戈德曼，他曾總結文案創作的基本理論 AIDA

▲圖 2-14　　「新聞是有份量的」主題創作文案

法則，將 A（Attention 吸引注意）放在第一位，其次才是引起興趣（Interest）、激發欲望（Desire）、促使行動（Action）。上述《北京青年報》的文案用的也是這樣的套路。

　　首先，用「有料」的內容成功引發使用者關注、好奇和注意。為什麼一張報紙會讓汽車翹起來？接著順勢將品牌、產品和優惠資訊等真正想要傳達的內容呈現出來。如果一開始沒能成功吸引用戶注意力，那麼接下來的一切技巧就無從談起。

　　而這一獨特的表達手法，會讓用戶心領神會、大呼過癮，心甘情願被推銷。這就是網際網路時代的一大特色，越是新奇的文案越容易被受眾關注，而這一類的文案大多有一個特點──有料。

用對「比較文案」，
讓人自願掏錢買希望

「沒有對比就沒有傷害」，這句話用在寫文案中同樣適用，因為人們一般用對比來判斷事物的好壞。不僅跟他人對比，還跟希望得到的對比、跟預期對比、跟過去的自己對比。比如，一款知識付費 App 利用比較心理做的廣告文案：

66 每天 30 分鐘，精讀一本書。（預期）99
66 不要讓未來的你討厭現在的自己。（曾經）99
66 你的對手正在偷偷地學習。（他人）99

這組文案分別利用「現在與預期」、「現在與曾經」和「自己與他人」三組對比激起用戶的需求。如果這組文案只是說：

66 百名超級大咖，同時線上傾囊相授。99

這個賣點確實不錯，但是用戶會想：百名超級大咖線上跟我有什麼關係呢？這就好比老闆跟缺錢的員工大談理想，而不是承

諾努力一點下個月就幫他加薪。所以，知識付費平台的文案常用對比法，讓用戶看到現實和理想之間的差異，從而引發消費需求。那麼，這三個比較層級如何利用在寫文案當中呢？下面我們一一分析。

2.6.1　現在與預期比較

　　一般情況下，人的行為常與預期不同，甚至會出現很大的落差。並不是人們不想做，而是受外在因素的影響。比如很多人下定決心要減肥，但就是抗拒不了美食的誘惑；或者買了很多書、收藏了很多好文章，卻總沒時間閱讀，反而有時間看八卦新聞、追劇；再或者，醫生叮囑按時吃藥，卻總是藉口工作太忙而忘記……。

　　因此，如果某個產品的出現，可以消除用戶「現在」行為與「預期」目的之間的差距，那麼這個產品就容易被使用者接受。比如：

　　Keep，你手機裡的健身教練。　　　　　　　——Keep 廣告語

　　以往使用者想要科學地鍛鍊身體，需要到健身房請專業健身教練指導，也需要安排鍛鍊時間，並且費用不菲。但有了 Keep 之後，只要有一部手機，隨時隨地就能進行有專業人員指導的健身，有助於用戶更容易地實現健身預期。

你關心的，才是頭條。　　　　　　——今日頭條宣傳語

過去很多平台的資訊內容推播都是單向標準化，如果網友想看需要和感興趣的內容，還得自己去搜索。但現在登錄今日頭條，就不需要這樣費時費力了，平台會根據使用者的閱讀習慣，精準推送使用者需要和感興趣的內容。

2.6.2　現在與曾經比較

一個人如果從豪宅裡搬出來，再選擇住處就比較難，因為哪怕是稍微差一點的豪華住所都可能無法接受。而如果從茅草屋搬進寬敞的磚瓦房，無論磚瓦房多舊，也會覺得幸福。也就是說，如果「現在」與「過去」相比變得不好了，會產生一種身分「跌落恐懼感」，這種不安會讓人們拚了命維持現狀。

例如，網際網路時代層出不窮的新概念、新思想、新趨勢常刷爆人們的眼球，激發人們去學習、關注，否則會感覺自己跟不上時代。而一旦落後，就很可能產生「跌落恐懼感」。慶幸的是，知識付費的出現緩解了人們的這一焦慮感。所以，如果用「現在與曾經」的比較模式，只需要提示消費者如果現在不改變，未來就會形成一種身分跌落，比如：

這個時代正在淘汰不願學習的人。　　　　——尚德機構
故鄉眼中的驕子，不該是城市的遊子。　　——某地產廣告
不要讓未來的你討厭現在的自己。　　　——知識付費 App

2.6.3　自己與他人比較

　　生活中人們免不了會與他人比較，同事、朋友、對手，隔壁家的孩子都有可能成為比較的對象。這種比較，有時會令人產生負面情緒，有時會令人感到滿意。鑑於此，文案可以採用「自己與他人」比較的模式。比如：

　　又有朋友結婚了，明明你更優秀。——MarryU 高端婚戀平台
　　你的競爭對手正在偷偷地學習。　　　　　　——知識付費 App

　　在這個「自己與他人」比較的模式中，使用者與相近屬性的人對比後處於下風，因此只需要強調使用你的產品可以扭轉局面，即提示用戶：「現實滿足不了你，我的產品可以更好地滿足你，讓你反敗為勝，比別人得到更多。」

　　又想要陌生的風景和窗，又想要熟悉的早餐和床。——上途家
　　上帝欠你的，韓氏還給你。　　　　　　　——某整形醫院
　　江疏影的 5000 塊的外套，我找到了 500 塊的平價替代。
　　　　　　　　　　　　　　　　　　　　　——某服裝銷售

　　這組快捷酒店、整型醫院和服裝銷售的文案，用對比模式重新點燃了使用者的需求，讓用戶更願意接受。

第 3 章

第三步：要給消費者，
一個非買不可的理由！

3.1 ✎
確定你的商品要賣給誰，
再開始寫文案

　　廣告界有個說法，認為廣告要做成「窄告」才有價值。意思是說，文案要精準針對某個狹窄的目標群體，並使用這個群體共通的語言去傳達訴求。

　　對於寫文案來說，想要做到「窄告」，有一個十分重要的前提，就是精準細分用戶。而要想精準細分用戶，起碼要同時滿足三個條件：規模性、可識別、能接近（圖3-1）。

規模性　　　　　可識別　　　　　能接近

▲圖 3-1　細分用戶的前提

　　(1) **規模性**：也有人稱之為可盈利性，它是一個市場成立的基礎。也就是說在這個市場中，必須要有足夠數量的用戶，提供品牌和產品足夠的利潤。如果在這個市場中使用者不多，那即使

產品再好也是白搭，因為根本沒有足夠的利潤去支撐。

(2) 可識別性： 指市場中使用者的某些特徵是可以被識別、被歸納的。比如「在北上廣打拼的職場新人」，就是一個具有識別性的、清晰的市場細分。如果研究半天不能歸納出一個清晰的市場描述，那麼它就不是一個細分市場，因為找不到具體目標。

(3) 能接近： 有的細分用戶群體，你看到了、目標清晰、也有很大規模，但就是不能接近或無法以合理成本觸及，那也是白費。所以，細分使用者最關鍵的步驟，就是找到具有「相同核心」特徵的使用者或潛在用戶，才能洞察其共同需求，使用其共同語言。最常用的用戶細分策略有以下四種。

3.1.1 統計細分

這是一個最常用、最簡單的市場細分策略。它是經由對潛在用戶可以被統計、量化的具體特徵來進行細分，比如年齡、性別、收入、教育程度等。舉例來說，高級別墅和普通住宅的用戶群體其年齡和收入必定有極大差異，因此他們對待住宅的態度也勢必不同。所以在寫文案的過程中，就要根據這些不同的特點，使用不同的語言風格，塑造不同的利益點。

> ❝ 會包容的小戶型，才裝得下不講道理的愛情。❞

這個普通住宅的文案，目標群體為收入不太高的年輕人，所以文案強調住宅實用、經濟，採用的語言又很網路化，目標群體

讀起來沒有距離感。

❝ 走得再遠，還是沒有走出最初的地方。 **❞**

而這則針對高收入者的豪宅文案，採用文化性、高格調的語言風格，來打動那些整日忙碌的人們，勾起他們對舊時光的回想，對質樸自然生活的美好嚮往。

3.1.2　地域細分

各地區在方言、風俗、文化等方面都有各自的特色，這就給了我們按照地域去細分的機會，其中最為常見的，便是將方言融合進文案。比如 Nike 的一組文案：

❝ 甭信我，服我。 **❞**

Nike 這則廣告是在北京地區進行宣傳，所以文案採用了北京話「甭信我」做主題，拉近了與目標消費者之間的距離，使品牌形象更具親和力。

3.1.3　心理細分

心理細分，就是指按照用戶的生活方式以及個性特點，去細分出一個市場。

> **❝** 聽見雲走了，風在說話。樹葉朝著陽光微笑，他們覺得你被傷感吞沒了，其實你只是感受到了全世界。 **❞**

　　這是淘寶店鋪「步履不停」的廣告文案，一家文藝特色明顯的服裝店。因為他們的用戶群體大多熱愛文藝、心思敏感、嚮往遠方，於是他們的文案採用這樣的風格，更符合和接近目標用戶的氣質。

3.1.4　場景細分

　　消費者在不同場景中，會做出完全不同的消費選擇。比如朋友聚會和獨自落寞時，在飲品的選擇上就會大不同；或者工作日與假期，選擇的休閒方式也會明顯不同，這都是人之常情。所以「場景」應該成為一個細分使用者的變數。像 RIO 這個酒品牌，想要佔領的場景便是「獨飲」，也就是「一個人的小酒」。

> **❝** 真是莫名啊，在這杯酒之前，好像也沒有那麼喜歡你。
>
> 　讓我臉紅的，究竟是你，還是酒呢？ **❞**

　　文案以一個小女生「獨處時」的暗戀小心思展開，把女生一個人喝酒時的場景充分展現。此時，可以盡情想像愛慕的人，那份輕鬆、淺淺的眩暈，手腳輕盈如舞步般的嫋娜，自有一份獨有的沉浸嚮往，引人入勝。

有效引發情緒的文案，
有 3 種寫法

　　有這麼一個故事：某個心情低落的人找一個傷心過度的人聊天，結果兩人越聊越傷心，最後一起自殺了，這就是情緒共振導致的極端後果。情緒是一種很常見的現象，比如聽郭德綱的相聲，會引發痛快的情緒；看悲劇片，會引發心痛的情緒。

　　相對而言，情緒比情感更容易被引發，所以在篇幅有限的文案中，用情緒共振來觸發用戶情緒 G 點（興奮點）是更好的選擇。

　　首先，許多媒體常在標題中添加震驚、可怕、氣憤等情緒化詞語，因為這些刺激性的詞語，能把用戶的注意力吸引過去。

　　其次，引發情緒可以加強記憶。儘管有時記憶的內容與情緒無關，但因為是發生在強烈的情緒條件下，記憶的內容也會因此變得深刻。這就是為什麼我們會忘記生活中的大部分事情，但對於非常緊張（第一次表白）、悲傷（親人去世）、高興（考試第一名）、自責（被父母批評）等時刻，卻總是記憶猶新。

　　最後，情緒可以促進社交分享。當人們特別開心、愉悅，或者產生恐懼、懷疑的時候，都會忍不住分享給別人。因此，很多

廣告都具有情緒,正是為了有效促使人們購買產品。文案中的情緒分類可以從兩個方面入手:正向情緒和反向情緒(圖3-2)。

▲圖 3-2　文案中的情緒分類

> 66 努力不一定要回報,但至少可以把我和與我同樣努力的人聯結在一起,這樣我就遇到更好的人。 99

> 66 總不能把這個世界拱手讓給那些我瞧不上的笨蛋。 99

> 66 最痛苦的事,不是失敗,是我本可以。 99

　　看完上面三個廣告文案,無形中給人鼓舞,從而信心滿滿,甚至有些激動地想與這個世界再次交鋒。這是正向情緒,即給人積極向上、正能量、熱情、激動、喜悅等感受。

> 66 世界上其實沒有貴的東西,只有我買不起的東西。 99

> 66 後來才知道,長得帥不一定娶得到老婆,但是有錢可以。 99

　　以上兩個廣告文案,是一款名叫 ucc 的日本咖啡「每天來點負能量」的主題文案內容,一句句讓人感同身受的文案,有的關於現實,有的關於金錢,每一句都像是在說生活中的我們,令人

扎心，從而印象深刻。這就是反向情緒，即給人失望、絕望、哀傷、失落等感受，引向差結果，讓人認清現實。

　　如今，廣告形式越來越多，除了鋪天蓋地式佔據眼球外，誰的文字搶先牽引使用者情緒，誰就是贏家。那麼如何寫出能夠引起情緒共振的文案，牢牢抓住用戶的心呢？掌握下面三個小技巧，可以事半功倍。

3.2.1　貼近現實，增加代入感

> 66那幾天，我和我的床有約會，別找我開會；那幾天，想哭就哭，用眼淚洗掉壞情緒；那幾天，用球鞋代替高跟鞋，找陽光去逛街。女人月當月快樂，護舒寶。99

　　女孩子每個月總有那麼幾天會身體不舒服，情緒敏感、脾氣變大，非常「易燃易爆」。護舒寶捕捉到這些細節，引導女孩子們換一個視角去看待生活——生活中有些改變，會有不一樣的收穫和樂趣。由此可見，只有在文案中代入真實生活場景與感受，盡可能地貼近現實，所呈現的喜怒哀樂用戶才能真切感受到。

3.2.2　第一人稱好過第三人稱

> 66爸，小時侯我曾問你，為什麼大人要喝酒，你說因為小孩子不喝酒也開心。現在我懂了，我不打算漂了，想回家了。99

> **❝** 媽，我餓了。媽，我穿秋褲了。媽，我想你了。**❞**

這組文案用第一人稱「我」，把在外遊蕩的人們想說的話全都說了出來，很多人看完直接淚崩。這是因為，第一人稱具有強烈的主觀感受，「我」有著什麼樣的情感和情緒訴求，都可以盡情表達。當用戶開始用「我」來閱讀廣告文案，就能一點一點地感受產品是否就能解決自己的問題，從而決定是否購買。

3.2.3 尋找落差感，營造情緒對比

> **❝** 我們需要一位實習生，因為之前的那位已經成了 CEO。**❞**

這則招聘啟事，利用實習生與 CEO 身分地位的強烈對比，暗示這個職位前途不可限量。這種本人與理想身分之間的落差感，將用戶的情緒從低落帶到高漲，能激起鬥志、誘發熱情。

曾有一則典型的廣告案例：一個招聘廣告，左半部是找到工作前的落魄，右半部是找到工作後的精神抖擻。這種對比可以輕鬆帶動用戶的情緒，畢竟誰都希望未來的生活越來越美好。

每個人都希望成為自己心目中嚮往的人。基於用戶的這個心理因素，寫文案之前，我們需要先洞察目標使用者想成為什麼樣的人，心中渴望強化自己的什麼身分特徵，且他嚮往的人具有什麼特點，最後要做的就是把他們渴望的標籤與產品建立聯繫。

3.3

吸引人的文案，
注重過程而不是結論

❝ 一塊錢在今天能買點什麼？或者，也可以到老羅英語培訓聽八次課。**❞**

這則經典廣告文案想要傳達的賣點是「一塊錢聽 8 次課」，沒有直接用便宜、划算的字眼，而是拿一塊錢可以購買什麼，引導人們去進行比較，從而推理得出「便宜」的結論。所以，好的文案，注重的一定是過程，而不是結論（圖3-3）。

1	2	3
賣點	**推理過程**	**賣點**
一塊錢聽 8 節課	一塊錢也就買個包子	便宜、划算

▲圖 3-3　賣點推理過程

文案中從賣點到結論的呈現過程，常用的主要有呈現事實、認知對比、呈現假定三種方式。

3.3.1　呈現事實

　　在文案中將產品的特點還原成具體事實來呈現，引導消費者在事實中得出結論，是一種非常有效的方法。

> ❝ 那就是我，神經高度緊張地躺在這輛嶄新的 Volvo 車下。幾年來，我一直在我的廣告中吹嘘 Volvo 車的每一個焊點都非常牢固，以至於足以承受整輛車的重量。有人認為，我應該以自己的身體來驗證我所說的話。於是，我們把車懸掛起來，而我則爬到了車子底下。
>
> 　　當然，Volvo740 不負眾望，而我則得以活著出來把我的經歷講給大家聽。❞

　　這則 Volvo 的經典廣告文案，想要傳達的賣點是：Volvo 非常安全，每一個焊接點都極其牢固。但是在文案中，並沒有直接告訴你這個焊接點到底牢固到什麼地步，而是呈現事實：任何一個點都可以支撐整車的重量。

> ❝ 0.47 超低容積率，18.3% 超別墅建築密度，只允許五分之一的地面上生長房子。自然，錯落，三葉蟲式總規佈局，再現葡萄原鄉小鎮天然意趣。❞

這則房地產廣告，想要傳達建築密度低的賣點。同樣地，不是直接給結論，而是呈現事實，讓購房者自己領會。

❝我們不生產水，我們只是大自然的搬運工。**❞**

這則瓶裝水的經典廣告文案，厲害在呈現產品「天然」的事實，引導用戶得出「天然礦泉水」的結論。

3.3.2　認知對比

❝十年間，世界上發生了什麼？科學家發現了 12,866 顆小行星；地球上出生了 3 億人；熱帶雨林減少了 6,070,000 平方公里；元首們簽署了 6,035 項外交備忘錄；網際網路用戶增長了 270 倍；5,670,003 隻流浪狗找到了家；喬丹 3 次復出；96,354,426 對男女結婚；25,457,998 對男女離婚；人們喝掉 7,000,000,000,000 罐碳酸飲料，平均體重增加 15%；我們，養育了一瓶好酒。**❞**

用對比的手法來說明產品賣點，也是一種較為常用的方式。這則經典的長城葡萄酒文案《十年間，世界發生了什麼》，就是利用與全世界「大事」的強烈對比，來形成結論：一瓶品質優良的長城葡萄酒，十年才得以孕育出來。

❝藥液中加入擬除蟲菊酯（氯氰醚菊酯）和 TOTAL 溶劑，加熱揮發至空氣中，使蚊子神經興奮，並促使過度興奮後麻痺、無法動彈。大部分市面電蚊香會加入香精，讓空氣變得沉悶，刺激小孩。❞

這篇文案經由市場大部分電蚊香會加香精的事實，來說明自身產品「不含香精」，從而突出自家產品天然無毒，不會讓空氣變得沉悶，更不會刺激小孩。這種對比，可以讓文案更生動，讓讀者印象更深刻（圖 3-4）。

▲圖 3-4　產品成分對比

但如果只是這樣寫：

❝無添加不刺激，持久驅蚊。插上插座後，無須撥插，開關控制。❞

很多讀者都表示看過沒什麼感覺和印象，也沒有想買的欲望。因為，對於人類的大腦來說，如果兩件東西很不一樣，往往會認為它們之間的差異比實際的更大。所以，採用對比法來突顯產品賣點，可以有效地激起用戶的購買慾。

3.3.3　呈現假定

在文案上，「呈現假定」會有兩個方向：之前假定和之後假定。我們首先來看之前假定。

所謂之前假定，就是假定一個使用該產品之前的場景，比如限定某類人群最好不要使用該產品，用以說明賣點。

> 假如你還需要看瓶子，你顯然不在恰當的社交圈裡活動。假如你還需要品嘗它的味道，那你就沒有經驗去鑑賞它。假如你還需要知道它的價格，翻過這一頁吧，年輕人。

文案之神 Neil French 為皇家芝華士（Chivas）寫作的文案，就是先假定某一類人不適合飲用這款酒，用以說明這款酒的高貴。

而之後假定，就是經由呈現使用產品後的場景，來引導消費者感受產品賣點。

> 直來直去總是好過拐彎抹角。
> 從其他豪宅去江邊的過程是：下樓，走到人行橫道，耐心等待紅綠燈，確認車都停下來了，迅速穿過馬路，然後到江邊了。從定江洋去江邊的過程是：下樓，到江邊了。

這則豪宅文案，想要呈現「江邊附近」的特點，使用的假定是購買之後的場景：購買之後，下樓就可以直接到江邊了。

3.4

用耐人尋味的故事
推銷產品

大家都喜歡聽故事，有故事的文案，往往能夠迅速吸引用戶眼球，並借由用戶的自我想像為品牌賦能，提升品牌在用戶心中的影響力。經由具體故事行銷的文案，要有很強的可讀性和代入感，能在第一時間將觀眾帶入某一特定場景中，並由此展開產品描述或畫面想像。

對於品牌和產品來說，最聰明的包裝就是講故事。當訊息披上故事的外衣，就等於獲得進入用戶內心的鑰匙。在資訊爆炸的環境下，普通文案的影響力明顯低於「有故事感」的文案。

❝出來混，遲早是要餓的。❞
❝炸雞如果沒有夢想，和鹹魚有什麼區別？❞

肯德基宅急送這組宣傳廣告文案，巧妙改編周星馳電影裡那些大眾耳熟能詳的經典台詞，同時又非常貼切地結合自身產品的特性，詼諧幽默、耐人琢磨，也賦予了品牌活力、有夢想的特質。

　　所以，有故事的文案想要吸引人，必定要包含一些耐人尋味的東西，才能夠發人深省。只有經由細緻的洞察、有反差感的設定、恰到好處的情緒誘餌、詳細感官的細節捕捉等等，才能讓故事型文案贏得用戶的關注。

　　大部分打動人的文案故事，都符合主題聚焦、情感訴求、符合認知三個重要原則（圖 3-5）。

▲圖 3-5　動人的故事三大原則

3.4.1　主題聚焦

　　聚焦一個核心主題，儘量去掉文案故事中不必要的資訊。比如，你要呈現某款茶莊的茶葉「為什麼比其他的好」這個主題，文案故事就要聚焦這個主題展開。

　　❝我們的茶葉來自○鎮的○村○由。○鎮○村是個古老的鄉鎮，清代曾設縣於此，民間有「茶不到○村不香」的說法，很多文人大師都喜歡喝產自這裡的茶。我們的茶莊就設在這裡。這裡山上茶葉都有比較好的香氣，乾茶可以直接聞出來，這就是好茶

和普通茶的最大區別。

採摘茶葉時，這裡的茶農需要 4 點半起床，這個時侯恐怕很多人還在夢鄉吧。在清晨雨露還未完全乾盡時採摘的茶葉，特製出來後再用由上的泉水泡製，一股濃濃的茶香迎鼻飄來……。 ❞

這則文案，從產地優勢和採摘過程出發，所有訊息都聚焦於一個主題：自家的茶為什麼比普通茶好。用十句話講十件事，不如用十句話講一件事，因為在同一時間點，人腦對簡單聚焦的訊息更有印象。

3.4.2　情感訴求

故事行銷文案必須含有情感訴求，才能讓消費者看了產生共鳴或認為對自己有利，這是消費者做出購買行動不可或缺的原則。情感訴求主要來自以下兩個方面：

一方面是引起共鳴。對於促進人們對某件事情的認可，情感共鳴無疑是最有效的，能夠輕鬆激起用戶的購買欲望。比如《褚橙的故事》文案：

❝為什麼我們就不能種出口感更適合中國人，並且在品質上不差於國外的柳丁呢？ ❞

這則文案圍繞「口感」這個核心與國外柳丁做比較，激起國內消費者對「中國產品也不差」的情感共鳴，從而接受褚橙。

再比如之前的熱門廣告「番茄炒蛋」故事，遠在異國的孩子深夜問父母番茄炒蛋怎麼做？為了讓孩子吃上這道家常菜，父母連夜起床指導孩子，這個故事感動了很多人，也引發了「父母總是默默為了女付出」的情感共鳴。

另一方面是利益。使用者看到一個產品，首先想到的是這個產品對自己有什麼好處，這是激起用戶購買欲望的另一個重要因素。比如：

❝A. 小林喜歡用這款看書軟體，因為他說這個軟體非常便捷，設計也很人性化。

B. 小林每天上下班的時侯，一上車就會打開這款看書軟體聽書，這樣不僅能夠每天有學習的時侯，而且也不用包裡帶一本厚厚的書出門，還能夠節省時間。**❞**

這兩種說法哪個更能打動你？雖然都是介紹這款看書軟體、都在強調它的方便性，但 A 文案只是對產品進行簡單的描述。而 B 文案從對用戶利益的角度描述——不用閱讀厚厚的書也能學習，還能節省時間，顯然更能打動大部分用戶。

3.4.3　符合認知

符合認知就是文案故事裡的描述，需要符合目標使用者的認知事實。換句話說，文案裡的故事不可以天馬行空，因為它與小說不一樣，需要贏得使用者信任，才能打動他們付費購買。

比如市面上有一款紙巾的顏色不是純白色，是淡淡的黃色，用戶一看到就懷疑紙巾的品質差。於是，這款紙巾的產品文案說：

❝這是天然竹子做成的紙巾，所以是淡黃色的，而且這種紙巾比普通紙巾貴 3 倍價格。❞

用戶看到這則文案之後，了解到這款紙巾是用某地某竹林的竹子加工而成，是天然的、安全性高，對人體沒有傷害。在這則文案中，「天然的竹子」和「淡黃色」正好符合了大部分人的認知事實，所以用戶深信不疑。

相反地，有些文案本末倒置，描述產品時過於誇張或者明顯違背了人們的認知，就容易讓人懷疑，進而打消購買的念頭。比如：

❝某人吃了這種減肥藥，兩天就減了五公斤。❞

用這樣的一則故事，即使產品採用了國際級的高科技技術，也會讓人疑慮頓生，因為在兩天的時間裡瘦 5 公斤，顯然不符合公眾的認知。

3.5 ✎

讓消費者關注自己，
而非產品

請看一款 200 元的洗髮精的文案：

> **一種很牛的洗髮精，神一般的滋潤效果。**

這種推薦洗髮精的產品文案，幾乎任何一個新手都寫過，他們覺得既然要寫文案，就必須使勁誇自己的產品，努力讓使用者關注自己的產品。事實上，這樣寫文案，不僅提升不了銷售力，還很容易讓用戶無感或反感。

所以寫文案第一步要做的，並不是把用戶的注意力轉移到產品身上，而是轉移到用戶自己身上。也就是說，讓使用者關注產品之前，先讓他們關注自己。思維一改變，寫出來的文案效果就會大不相同。

比如上面的高級洗髮精，當你說有著「神一般的滋潤效果」，用戶就可能會問：「我用的潘婷洗髮精就不錯，幹嘛要改變？洗髮精不都是 20 元左右的東西，這瓶居然賣 200 元，是不是太貴了？」

顯然文案中的洗髮精，與用戶過去使用的產品存在太大的差距，因此不願意做改變。所以，讓用戶直接關注你的洗髮精，一般不容易取得效果。

要打破這種瓶頸，改變使用者的習慣，就必須先讓他們從關注自己開始。所以 200 元的洗髮精文案，可以這樣寫：

❝你用著上千元的香水，但是卻用 39 元超市洗髮精。❞

這則文案用「上千元的香水」和「39 元超市洗髮精」對比，輕鬆戳中了用戶的痛點，讓用戶從「難以接受 200 元的洗髮精」的冷凍狀態，變成「洗髮精也要用好一點的」解凍狀態，從而開始關注你的產品。這樣寫文案才算是成功，那麼具體怎麼解凍呢？如何讓用戶開始關注自己、喚起痛點，產生改變的動機呢？

人通常有兩種狀態：理想狀態（我理想的樣子）和現實狀態（我現實的樣子）。在大多數情況下，理想狀態和現實狀態是重合的（圖 3-6）。所以一般情況下，人都是不想改變的。而要刺激用戶改變，就必須讓「理想狀態」和「現實狀態」之間產生偏差，從而創造一個機會，讓用戶關注自己。

理想狀態 ————————————————

現實狀態 ————————————————

▲圖 3-6　絕大多數人的狀態

3.5.1　降低現實狀態

　　以「你用著上千元的香水，但是卻用 39 元超市洗髮精」這則文案來說，文案先設定一個「你」是用著上千元的香水，等於給用戶塑造了一個「身分」。而這個身分既是用戶的現實（很多女性的確是這樣），也是她們的理想（她們很喜歡這個身分）。這個時候，理想和現實之間並沒有差異。

　　設定之後，文案立刻轉折，經由降低使用者的現實狀態「用 39 元超市洗髮精」，在理相與現實之間製造出偏差。這個時候，用戶已經處於「解凍狀態」，關注點從產品價位上，轉移到了自己身上（圖 3-7）。用戶感覺到「用 39 元超市洗髮精」這個狀態確實與自己不搭配，於是需求被喚起，想要做出改變。

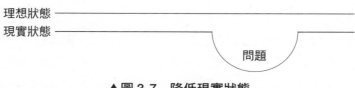

▲圖 3-7　降低現實狀態

　　再比如這個床包的文案：

　　❝你白天出街精緻得體，晚上卻不懂善待自己。❞

這個品牌的床包四件組價格在 600 元左右，與大多數消費者的購買習慣不一致，大家喜歡買更便宜一點的。因此，文案如果直接說出產品的價格，使用者很可能被嚇跑。

　　但如果降低現實狀態——使用者睡覺用幾十元的普通四件組不合理。因為花在一件衣服上的錢，往往超過一千元，那麼，既然每天晚上都要睡，為什麼就不給自己買好一點的床包呢？如此，引導用戶意識到這個問題，從而產生想要有所行動，來改變這種不合理現象。

3.5.2　提高理想狀態

❝一盒與脂肪戰鬥的優酪乳。❞

　　這款優酪乳的定位是「減肥」，可以作為代餐飲品。一提到減肥，很多用戶的第一反應並不會想到「優酪乳」，而是跑步、節食。此優酪乳的文案反其道而行，並沒有直接說明如何經由優酪乳來減肥，因為會讓使用者感覺到需要改變自己的日常習慣。

　　所以，這款優酪乳本身解決的用戶痛點，並不是減肥本身，而是經由高飽腹感、低熱量的食品，降低減肥的障礙，飽腹感和減肥並不矛盾。

❝飽腹和減肥，可能兼得。❞

搞清楚這個問題之後，把文案簡單改一下，經由降低減肥障礙，也就是饑餓感，讓人們提高理想狀態（圖 3-8）：原來，飽腹和減肥，還可以兼得啊！

理想狀態

現實狀態

問題

▲圖 3-8　提高理想狀態

在寫此類文案時，你需要不斷問自己：如果要給用戶一個理想，是什麼阻攔了這個理想？找到了這個原因，也就找到了打開用戶心門的鑰匙。

總之，要讓用戶關注自己，看到自己有一個「沒有完成的目標」。事實上，理想和現實的差距可以讓用戶產生很多需求，所以要嘗試「降低現實狀態，讓他們意識到一個問題」，而不是「提高理想狀態，讓他們意識到一個機會」，才可以讓用戶掙脫那種不想改變的心態，變得想要尋求新的解決方案。

3.6

要有衝突性，
才能觸動 G 點

　　沒有衝突性故事的文案，就像一杯平淡的白開水，受眾讀起來會感覺索然無味。文案的衝突性，指的是能夠帶給受眾某種刺激，或顛覆受眾認知，或觸動某種情緒，使其產生記憶。這種「衝突性」表現為：一是文案是否能區別於競爭對手，讓受眾感受到獨一無二；二是文案是否製造了消費者心理層面衝突，能打破消費者的「習以為常」，引發共鳴。

　　廣告不是純藝術，是為了增加產品銷量服務。因此，文案要想觸達受眾 G 點（興奮點），必須簡單直接，解決使用者衝突，甚至製造衝突。

　　廣告界的「鬼才」葉茂中說過：一流行銷製造衝突，二流行銷發現衝突，三流行銷尋找衝突。而製造衝突的關鍵在於是否對人性有深入的洞察。虛榮、自卑、嫉妒、自私、自戀、貪婪、惰性、懦弱、吝嗇、虛偽等，都屬於人性。衝突之所以產生，根源就在於人性的複雜化和多樣性。

　　我們日常生活中接收資訊的過程，其實就是不斷解決衝突的過程。

比如：美食和身材的衝突，家庭和工作的衝突，男女思維差異的衝突等等。好文案的本質就是洞察這些衝突，並解決這些衝突。

❝一年逛兩次海瀾之家。**❞**

海瀾之家的這個廣告文案，就是洞察到男性不常逛街的痛點而提出的核心戰略。男人是不喜歡逛街的，他們逛街的頻率和時長遠遠低於女人，但仍需要日常的著裝，這就是衝突。海瀾之家發現了這個衝突，告訴他們「一年逛兩次悔瀾之家」就夠了，解決了他們的衝突，從而使廣告文案深入人心。

可見，厲害的文案往往來自對用戶的深刻洞察，它必須是解決衝突的方案，也是用戶可以感受到的戰略。撰寫有衝突性的文案，可以從以下三個方面入手。

3.6.1　利用詞義製造矛盾

把具有衝突、不一致的觀點或事物，放在一起進行對比，往往能製造戲劇化的效果。比如：

❝生活不只眼前的苟且，還有詩和遠方。**❞**

文案中把「苟且」和「詩和遠方」進行對比，讓人內心產生巨大的衝擊，恨不得立馬出去旅行。又比如 iPod 廣告文案：

66 把 1000 首喜愛的歌曲裝到口袋裡。 99

　　1000 首歌對比小小的口袋，讓人直接感受到 iPod 體積小、容量大的優勢。這樣具象化的描述，要比空洞的容量更大、體積更小等等，能激發消費者的購買欲望。還有 Keep 的廣告：

66 自律給我自由。 99

　　「自律」和「自由」是兩個看似矛盾的詞，但組合在一起，就讓文案具有張力和衝突性。

3.6.2　打破常規，顛覆用戶認知

66 學琴的孩子不會變壞。 99

　　一家音樂教室的這則經典廣告語，改變了家長對學琴的觀念，消除了他們擔心孩子變壞的隱憂。

66 鑽石恒久遠，一顆永流傳。 99

　　人們嚮往愛情，但又擔心愛情不牢固，這是永恆的衝突。DeBeers 這句廣告語讓人相信，鑽石是愛情永恆的象徵。

❝ 洗了一輩子頭髮，你洗過頭皮嗎？ **❞**

過去人們洗頭只關注頭髮，而這款洗髮精提出了「頭皮也需要洗」的概念，製造了「頭皮好，頭髮才會好」的新衝突。滋源洗髮精規避了與同行之間的競爭，另闢賽道，成功把用戶吸引過來，成為領軍品牌。

3.6.3　擊中用戶內心需求

標題相當於敲門磚，得標題者，得閱讀量。而標題是否有足夠的衝擊性，決定了受眾會不會點擊。標題切忌「平淡是真」，必須一語擊中用戶內心需求，給他一種「是的，我就是需要這種感覺」的刺激。

❝ 真正喜歡你的人，24 小時都有空；想送你的人，東南西北都順路。 **❞**

滴滴出行這句扎心的文案，說出了大部分人的心聲，讓人內心產生觸動和共鳴，從而產生認可。一些有影響力的品牌，之所以能引發裂變式傳播，就因為深諳人性，懂得如何擊中用戶內心需求，利用金錢、物質、顏值等話題製造衝突性，勾起用戶的恐懼感與獵奇心。

3.7

犒賞、補償、感恩……，
創造購物的理由

用戶購買產品前，一定會有各種糾結，不管多看好你的產品，總會有消費的「罪惡感」，不斷在買與不買間做掙扎。雖說用戶本來就會為自己的購買行為找理由，但更希望得到其他人的支持和認可。所以，文案就要為用戶找出合理的購買理由，並且要進一步支援用戶自找購買理由。有兩個常見且有效的方法。

3.7.1 補償或鼓勵自己

如果一個人覺得現實和理想還有很遠的距離，他會更加自律，捨不得消費。而如果一個人覺得已經為某一個目標付出了很多，或者已經為別人付出很多了，就會想要一些補償，好好犒賞自己，這個時候會更傾向於購買中意的東西。

吃點好的，很有必要。　　　　　　　　　　——三全水餃

每一個追求夢想的人都有理由住得更好，自如就在這裡，等你回家。　　　　　　　　　　　　　　　　　　——自如地產

　　寫文案時可以像以上文案，描繪用戶當下面臨什麼任務或目標，以及為實現目標投入了多少情感，花了多少心血。越具體、越細節、越場景化就越能打動人。最後再告訴他是時候補償一下自己了，並且告訴他擁有產品就是對自己的犒賞、補償。當然，這種補償也可以是精神上的，慰藉消費者的心理。

　　❝你不必去大城市，也不必逃離北上廣。不必用別人的一篇 10 萬＋來決定自己的一輩子。不必每次旅遊都要帶禮物，不必一次不落地隨份子，不必在飯桌上辛苦地計算座次。

　　你不必在過年的時候衣錦還鄉。不必發那麼大的紅包，不必開車送每一個人回家。

　　你不必承擔所有責任。

　　你不必背負那麼多。

　　你不必成功。❞

　　以上《你不必成功》的文案，正是瞄準年輕人的心理痛點，由不必成功的反雞湯文案，利用共情打動年輕消費者。

3.7.2　補償別人或者感恩

　　同樣地，如果一個人覺得別人為了他付出很多，而他卻回饋很少，那就會產生愧疚感，想要補償別人。這時他會傾向於購買產品，因為這不是為了自己，而是出於補償、感恩的心態。

　　圍繞用戶這一心理的文案，都是從用戶的角度去思考：誰為

自己付出最多，誰為自己犧牲很多，或者自己對於哪些人是有虧欠與忽視的。歸納之後，文案需要告訴使用者，應該補償他們身邊的那些人，同時引導使用者，你的產品可以幫助他們完成這種補償。

經濟學裡有一個非常有趣的效應，用戶在買東西的時候，總給自己找藉口「這個是為補償別人而買的」。而所謂要補償的人，都是用戶想照顧和保護的人，這其中有父母、孩子和戀人等。這是所有人的天性，也是很多廣告的原動力。

> 媽媽想把陽台變成花園
> 多幫她洗一次蔬果碗盤
> 她就能多點時間
> 和金邊吊蘭多一會兒交談
> 媽媽想一個月內 KO 小肚腩
> 多幫她洗一次蔬果碗盤
> 她就能多點時間踩躪沙袋

這是圍繞「媽媽的時間機器」打出的系列廣告，用「她就能多點時間」，給那些做兒女的用戶一個購買理由，讓他們買一台好的抽油煙機補償媽媽的辛苦付出。

總之不管你用什麼方法，此類文案的目的，都是減少使用者的消費心理障。很多時候，他其實早就看上你的產品了，就差一個合適的理由。

Part 2

方法篇
如何在 LINE、抖音、IG 寫出，
逼人一不小心就手滑的
爆款文案？

第 **4** 章

文字就像說話說到心坎裡，
讓用戶秒下單！

4.1 ✎

邏輯對了，
文案就很有說服力

　　很多文案新手甚至老手，都會洋洋灑灑寫了一堆「必須購買的 N 大理由」，卻不具說服力。這樣的文案，即便截中了用戶的痛點，也不一定能成為用戶買單的理由。

　　事實上，文案的基本要素之一是邏輯性，它是文案具有說服力的根源。而文案的本質是與消費者的溝通，無論傳遞了什麼訊息，都必須讓消費者知道結論是什麼，並且給出能支持結論、強而有力的理由。

　　❝ 設計師的創作不過是一幅美麗的遐想，如果缺少三維空間的詮釋能力，鞋跟高度只是個虛榮的數字，瞭解人體工學才能成功製造一種性感。如果沒有經過細膩的幾何邏輯推演，再迷人的線條也無法成就流動的魅力。只有不斷實驗材質與配色的新可能性，才能說出更進化的美學語言。真正讓女人沉湎的鞋子，絕不只是外表，還有一種穿上了就不想脫下的欲望。是熱情是知識是細節是極致工藝精神，讓一雙鞋子擁有了時尚的靈魂。**❞**

用人體工學來支持高跟鞋性感;用幾何邏輯推演來佐證鞋子線條;用材質與配色,來說明鞋子的時尚;突顯細節和極致的工藝,鞋子才有了靈魂。從許舜英為 Stella Luna 女鞋撰寫的文案中我們可以看到,這些文案好像具有濃濃的意識流風格,然而邏輯上卻一點也不意識流,甚至可以算得上極具邏輯性的經典案例。

　　那麼,有哪些技巧可以幫我們寫出有邏輯、具有說服力的文案呢?有三個方法(圖4-1)。

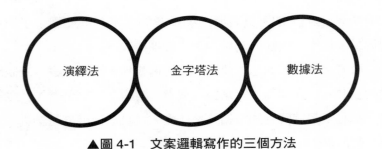

▲圖 4-1　文案邏輯寫作的三個方法

4.1.1　演繹法

　　演繹法是將某個事實和與其相對應的某個規律進行組合,從而得出結論的方法。比如大家都知道「演員會演戲」,那麼因為「鞏俐是一個演員」,所以得出的結論是「鞏俐會演戲」。但要注意規避三種情況,這是很多文案沒有說服力的重要原因。

　　第一種情況是用個人主觀的看法或感覺作為理由。比如:

❝ 我很期待這款新手機,它這次一定能實現銷量的翻番。**❞**

這句文案非常沒有說服力，以個人感覺、想法作為理由來推測手機銷量，這在邏輯上是不成立的。

第二種情況是用反面說法或換個說法作為理由，但表達的是重複的意思。比如：

66 因為你還沒有擁有這款手機，所以你應該購買這款手機。**99**

這種情況雖然看上去感覺很霸道，但說服理由不夠充份，仔細觀察就會發現，這種文案或對話在我們的日常生活中非常常見。第三種情況是邏輯關係過於跳躍，因果關係含混不清。比如：

66 這款手機擁有 ○○ GB 超大記憶體，是送給女友的絕佳禮物。**99**

這句文案因果關係不清處而讓人困惑，如果這麼改寫：

66 這款手機擁有 ○○ GB 超大記憶體，可以裝下 ○○ 張照片，是送給熱愛自拍的女友的絕佳禮物。**99**

這樣一來，因果關係補足，文案就有了說服力。

4.1.2 金字塔法

許多人在文案中,洋洋灑灑寫了很多字,收集了很多素材和資料,卻被讀者反問:「你想說明什麼?」可見寫文案時,許多人善於收集和整理訊息,卻欠缺提煉歸納的能力。

對此,不妨試試採用金字塔法來撰寫文案,將重要的觀點或結論放在頂端,思路往下一步步展開。

同時,在整理資訊和素材的過程中,至少應該找到3個支持結論的理由,作為金字塔的基座。一般情況下,如果只有1~2個理由,說服力會打折扣。反之,如果理由超過了7個,消費者又很難記住。

比如,現在你需要用金字塔法推廣一款手機,首先要歸納出最想向使用者傳遞的訊息,也就是你的結論。這個結論最好是一句話。比如,你可以定義這款手機是「性能小超人」,然後分別從處理器、螢幕、攝影機三個方面,來支持這個結論。

4.1.3 數據法

什麼樣的理由最有邏輯性?無疑用數字或數據作為理由是最容易讓人信服的。比如:

> 銷量全國領先。

> 中國每賣10罐涼茶,就有7罐是加多寶。

加多寶的這兩句文案,顯然第二句更具有說服力,用數據來

證明，讓人不容質疑。再比如：

" 多國醫療研究指出，雄性動物看見穿著 Stella Luna 的女人，平均心跳高達 130 次。**"**

" 科學家發現，一雙 Stella Luna 所吸引的眼球數量可繞地球 20 圈。**"**

這兩組廣告文案中，用了「心跳130次」、「可繞地球20圈」的數據，就非常有說服力。

4.2 ✎

沒有對比，
就沒有銷量

很多產品都不是獨一無二的，在市場上多少都有競爭對手，這時如果想找到立足點和存在感，可以在賣點上提煉，說明哪方面比競品更好。比如果汁「更加天然」、滅蚊燈「更加安全」、毛巾「吸水性更好」等等。例如：

❝愛你可以不留餘地，但家裡最好不要太擠。❞

這則房地產文案採用對比的手法，使「愛」與「房子」產生強烈反差，達到「房子可以買大一點」的文案核心訴求。

❝藝術家和魚的不同點：魚死了就不值錢了，藝術家死了更值錢；藝術家和魚的共同點：趁活的時候買。❞

這則文案同樣用了對比法，經由「藝術家」和「魚」兩個對比元素，突顯和強調「活的時候買最實惠」的賣點，非常生動，給人留下深刻的印象。由此可見，在文案中進行對比，能簡單而

有效地傳遞訊息，並在使用者的腦海中強化，形成張力。

　　對比法一般有三種（圖 4-2）：第一種是數字類的對比，非常直接、能量化；第二種和第三種是抽象概念的對比，能夠達到傳遞某種品牌的情感或情緒的效果。

數字對比　　　　　認知對比　　　　　概念對比

▲圖 4-2　文案的三個對比法

　　下面結合經典案例，為大家一一闡述。

4.2.1　數字對比

　　數字類對比文案就是用數字元素進行對比，好處在於直接、量化、簡單。

　　❝三毫米，瓶壁外面到裡面的距離。不是每顆葡萄都有資格踏上這三毫米的旅程。它必是葡園中的貴族；佔據區區幾平方公里的沙礫土地；坡地的方位像為它精心計量過，剛好能迎上遠道而來的季風。它小時候，沒遇到一場霜凍和冷雨；旺盛的青春期，碰上十幾年最好的太陽；臨近成熟，沒有雨水沖淡它醞釀已久的糖分；甚至山雀也從未打它的主意。摘了三十五年葡萄的老工人，

耐心地等到糖粉和酸度完全平衡的一刻才把它摘下；酒莊裡最德高望重的釀酒師，每個環節都要親手控制，小心翼翼。而現在，一切光環都被隔絕在外。黑暗、潮濕的地窖裡，葡萄要完成最後三毫米的推進。天堂並非遙不可及，再走十年而已。**

　　長城乾紅這一則文案，為了呈現紅葡萄酒的高品質，用一種近乎現代詩的表達方式，浪漫地介紹葡萄的生產、採摘到最後釀造的過程。用三毫米和十年，呈現出巧妙對比，堪稱數字對比類文案中的經典。

4.2.2　認知對比

**　　我們率先引進了 HPP 超高壓滅菌技術，完善保留果蔬營養並鎖定新鮮口感。無須羨慕好萊塢明星手上的洋品牌果蔬汁，每一瓶我們的果汁都使用相同的先進工藝製成。

　　傳統高溫滅菌技術：利用病原體不耐熱的特點，高溫加熱果蔬汁，將細菌「燙死」。然而，與細菌「同歸於盡」的還有大量寶貴的維生素。實驗證明，高溫加熱後，維生素 B1、維生素 C、維生素 B12 和葉酸含量顯著下降。果蔬汁的口感也變了，顯得沉悶乏味。鮮果汁進去，熟果湯出來。

　　HPP 超高壓滅菌技術：HeyJuIce 引進了 HPP（High Pressure Processing）超高壓滅菌技術，把封裝果汁放在密封、充滿水的容器內加壓，使果汁承受超高壓力，一舉消滅細菌、酵母菌、微

生物，而果汁營養幾乎毫髮無損，口感生鮮如初，新鮮與營養兼得。

　　小貼士：HPP 超高壓滅菌毫不留情，卻特別善待營養元素，有抗氧化功效的多元酚能存留接近 100%，維生素 C 存留 85%；高溫滅菌時只存留 40%。

　　或許不需要懂這麼多理論，喝一口冷榨果蔬汁，舌頭立刻嘗到柳丁的清新、番茄的酸甜，就連芹菜的生澀都如此可愛。那是大自然泥土孕育的野生味道，毫無保留、不加修飾、淋漓盡致。🍃

　　這篇文案發表之後，很多用戶在評論區留言：難怪超市賣的果汁那麼難喝、以後再也不買了。與此同時，產品銷量迅速增長，取得了很好的銷售業績。這就是「認知對比」，不僅突顯了產品優勢，還讓讀者一讀就懂，最後心動下單。

　　用這種方法寫文案，首先要分析出你的產品與競品不同之處、優勢在哪裡，其他產品的劣勢又在哪裡，然後再把兩者做比較，分析給用戶看。產品優勢表現出來了，一旦用戶決定買，首選就是你的產品。

4.2.3　概念對比

　　概念類對比文案，相較於數字對比和認知對比文案，創作的難度較高。來看看此類文案的經典案例：

　　❝關於忠誠與不忠

對情人忠誠，對流行忠誠；對思想忠誠，對欲望忠誠。

天母流行租界區中，一個多種族消費流行熱潮正在蔓延。所有關於服飾的、生活的、美食的、書本視聽……

這些日子，誠品天母忠誠店裡你都可以找得到。🙌

誠品這則文案，圍繞「忠誠與不忠」的概念對比，進一步強化了誠品生活店的風格，成功帶動用戶的情緒。

4.3 ✒

最讓人信服的文案，
莫過於現身說法

　　當我們想買沒用過的產品時，一個很直接的想法會油然而生：看看用過的人怎麼說。所以會諮詢朋友、點開網頁看用戶評論。如果都說好，我們就會對產品心動，甚至毫不猶豫下單。說得再天花亂墜都不如老百姓的口碑，這就是顧客證言的作用。

　　無論你賣服裝、賣保健品、賣鮮花、賣智慧手錶或是培訓課程，都可以採用有用戶證言的文案宣傳。但 80% 的顧客證言文案，都寫得不夠好。比如：

❝我以前有○○煩惱，自從用了這款產品，問題解決了，我很開心！❞

　　這樣的文案，顧客讀起來沒有感觸、沒有心頭一熱，必然產生不了購買的衝動。事實上，寫顧客證言文案很簡單：在品牌社群、售後評論中，精選生動的顧客留言。

　　收集顧客證言並不難，重點是能識別這些證言，並把它們挑選出來，才能準確擊中顧客的核心需求。核心需求是指顧客最迫

切想滿足的需求（圖4-3），若不被滿足他們就不會買。

比如無線路由器的核心需求：上網快；洗碗機的核心需求：洗得乾淨等。換句話說，所選的證言要能擊中這些核心需求。

▲圖4-3　顧客核心需求

接下來，分別從兩方面，看看好的證言文案是如何寫成的。

4.3.1　從用戶洞察出發

一款汽車資訊如下：品牌形象好／新款車型／價格實惠／起步加速快／性能接近跑車／很省油／折舊率低／越野能力強／目標客群是 40 歲左右的中產階級。

現在要用使用者證言的方式，來寫一篇文案賣這款車，多數人會這樣講故事：一位成功的社會精英，白天開著這款車東奔西跑，開會、洽談、談判，贏得一大把訂單，正是因為有這了這輛車所以工作效率極高。週末帶著太太、孩子去穿越草原、戈壁和叢林，快樂地享受生活。

這個文案很美好，但沒有讓人想讀的欲望。來看看大衛・奧格威寫的經典文案：

❝最近我們收到一位外交部前輩的信：

「離開外交部不久，我買了一輛奧斯丁車。我們家現在沒有司機，妻子承擔了這個工作。每天她載我到車站，送孩子們上學，外出購物、看病，參加公園俱樂部的聚會。我好幾次聽到她說：『如果還用過去那輛破車，我可應付不了。』」

「而我本人對奧斯丁車的欣賞更多是出於物質上的考慮。一次晚飯的時候，我發現自己在琢磨：『用駕駛奧斯丁轎車省下的錢，居然可以送兒子到格羅頓學校念書了。』」**❞**

　　針對汽車出奇地經濟實惠，這則文案從各方面舉例，最後證明這個說法並不誇張。這篇證言文案為什麼和大家寫的不一樣？因為它出發點不是產品，而是消費者洞察。想像一下，一個中年男人，當他早晨睜開眼睛，腦子裡考慮的是什麼？父母、孩子、事業等，這些的開支需要很多錢，這就是他們每天的焦慮。這個焦慮，遠遠超過你的車能不能越野。

　　所以，證言文案如果只聊車，讀者肯定沒感覺。但如果聊怎麼生活才有面子、孩子選擇哪所學校，讀者一定馬上就有興趣。所以，顧客證言文案，就是用活生生的案例來告訴用戶，總有一天，你也可以像他一樣。

4.3.2　貴在真實

❝ 作為一名產品經理，頻繁熬夜加上飲食不規律，黑眼圈痘痘頻發，讓本來有恃無恐的我開始好好護理皮膚。我喜歡在頭腦風暴之前來一顆養顏膠囊，吃完感覺皮膚在閃閃發光，自己宛如一個女王。❞

　　這樣的顧客證言一看就很假，沒有從使用者的立足點出發，也沒有做市場調查。對於一部分挑剔的顧客，讀到這樣的文案，會認為商家編造顧客的話來欺騙受眾，太缺乏誠信。所以，想寫出好文案，就要找到顧客，和他們聊聊天，聽聽他們怎麼說、關心什麼、吐槽什麼。這樣才能寫出真實、令人心動的文案。比如：

❝ 今天的大驚喜，順豐快遞，花也新鮮，配色好溫暖，喜歡。
　　有花收的日子，心情也是棒棒的。臨時更改週六收花，居然準準就到了，給客服點個讚！❞

　　這是一間花店的顧客證言，非常口語化，感覺隨意卻很真實，雖然有點囉嗦，還有一些小語病，但這並不影響效果。因為面對面坦誠聊天的時候，誰還想著給文字潤色？

4.4 ✒

來點「自黑」，
立刻提升好感

　　自黑，簡而言之就是貶低自己，且不遺餘力、不擇手段。如果能搶在競爭對手之前，把避之不及的缺點拿來侃侃而談，反而會打對方個措手不及。

　　文案中能夠恰到好處地自黑，是幽默的至高境界，也是一種有效的溝通方式。這是一種反其道而行之的逆向思維，能夠拉近與受眾的距離，讓文案更接地氣。看多了一本正經的廣告宣傳，當用戶接觸到如此另類的文案時，自然有一種眼前一亮的感覺，立刻產生興趣。

　　自黑式文案的創作方法，往往是先自毀形象，把產品中那些看似沒那麼緊要的缺點，經由自嘲、自黑描述出來，然後再來個轉折，落點至產品的優勢。這樣的自黑，有欲揚先抑作用，把用戶慢慢帶進文案裡，使推薦產品時不會顯得突兀。

　　❝ 對不起，是我們太笨，用了 17 年的時間才把中國的涼茶做成了唯一可以比肩可口可樂的品牌。對不起，是我們太自私，連續 6 年全國銷售領先，沒有幫助競爭隊手修建工廠、完善管道、

快速成長。對不起，是我們無能，賣涼茶可以，打官司不行。對不起，是我們出身草根，徹徹底底是民企的基因。❞

加多寶的自黑廣告文案運用得很巧妙，表面是貶低自己，實則是為自己喝彩。以這樣的方式讓受眾忍俊不禁、加深好感。

4.4.1 「黑」自己

自黑是一門高級藝術，是一種恰當好處的溝通方式。文案為什麼要自黑？主要有兩個原因：能帶來幽默感，拉近讀者的距離；及降低讀者的預期，給自己減少壓力。它的作用有兩個：一是增加好感，二是避免尷尬。

(1) 增加好感：自黑是為了自誇，以一種謙虛的方式誇自己。

❝由於隆胸效果過強，可能以後只能臉朝後坐摩托車了。❞
❝因為美白效果過佳，你有可能會過不了安檢。❞
❝因為酒太好喝了，不該喝的時候也偷喝，會讓你失職哦。❞

好比上面這些文案，經由暴露一些無關痛癢的缺點，來展示一些至關重要的優點。

(2) 避免尷尬：人無完人，產品也沒有 100 分的。對於產品的劣勢，有的文案選擇避而不談，而厲害的文案會選擇直言不諱。用自黑式文案，把難以啟齒的事情輕描淡寫，尷尬瞬間全

無，反而變得有趣。

❝ 這款電腦性價比極高，冬天可省一個暖暖包。**❞**

避免尷尬的技巧就像上面這句文案，把劣勢「散熱不太好」先交代，然後用一個自嘲的方式，非常有趣地表現出來。能弱化消費者對缺點的排斥度，報以會心一笑。

4.4.2　「黑」別人

黑別人的難度遠大於黑自己，因為一旦黑得不好，吃相就難看了。奔馳和寶馬是正面的案例（註：台灣多稱為賓士和BMW），眾所周知，它們的互黑更像是在秀恩愛。除了它們，其他汽車品牌也加入互黑行列。

❝ 大眾都走的路，再認真也成不了風格。**❞**
❝ 人生匆匆奔馳而過，就別再苦苦追問我的消息。**❞**
❝ 即使汗血寶馬，也有激情退去後的一點點倦。**❞**

Jeep 的這三則廣告文案，要說黑起對手來，也是一語雙關、盡顯高桿。

互黑是一把雙刃劍，既能成就你，也能引火焚身。所以，黑別人一定要輕鬆幽默，才能讓用戶記住自己，並宣傳自身品牌的優勢。

與其買了再退，不如一次選對。　　　　　　　——萬科

無人買房，自然無人退房。有膽退房，卻無人會退好房。

　　　　　　　　　　　　　　　　　　　　　——恒大

退房是個 P，某科才在意。若還不滿意，不如買保利。

　　　　　　　　　　　　　　　　　　——保利地產

　　以上是萬科、恒大、保利三家房地產公司的互黑文案。從中我們可以看到，優雅地互黑應該像這三家房地產公司一樣，仿佛是一場辯論賽。你發表觀點，我反駁；我發表看法，你再反駁。你來我去，雙方不是敵人，而是正反方。在這個過程中既賺足了眼球，又節省了廣告費，結果大家都是贏家，共同做大了整體市場。

4.5 🖊

做好加減法，
讓文案更生動

> 66 假如你還需要看瓶子，你顯然不在恰當的社交圈裡活動。
>
> 假如你還需要品嘗它的味道，那你就沒有經驗去見賞它。
>
> 假如你還需要知道它的價格，翻過這一頁吧，年輕人。99

　　芝華士的這則文案，首先肯定和表揚了老顧客們眼光獨到、魅力非凡。緊接著又順便挑逗了一下那些沒有能力買芝華士的年輕人，刺激他們比較的欲望，可謂一箭雙雕。

　　但這一切都必須建立在深刻的「洞察」基礎上，那麼，有什麼行之有效的辦法，可以善用洞察用戶快速寫好產品文案？可以嘗試做加法和減法。

4.5.1　用加法

　　(1) 加點憧憬：人們有時不是買產品本身，而是買產品帶給他們的美好憧憬。比如《宜家家居指南》是這樣介紹廚房的：

　　❝雖然要多做清潔，但沒什麼比和孩子一起烘焙的時光更難得。清潔、篩麵、切奶油，舔舔沾在模具上的糖霜──小小混亂，滿滿幸福！❞

　　這樣一個廚房裡的美妙小時刻，誰不想擁有呢？動人的不是廚房本身，而是廚房帶來的美好憧憬。

　　(2) 加點情節：讓人動心的產品很多，讓人下定決心購買的產品很少，有一大部分原因是用戶在考慮：我要不要換掉舊的？我需不需要這個產品？這個產品買來有什麼用？什麼時候用？

　　只要加上一些可能用到的情節，就可以輕鬆回答這些問題。比如：

　　❝開始工作了，在東京的男生面前還從來沒有喝過酒。❞
　　❝在東京失戀了，幸好，酒很強勁。❞

　　日本清酒的這則《東京新潟物語》廣告，用一系列文案告訴用戶什麼時候需要喝清酒。揣摩使用者的生活狀態，加入最貼近他們的情節，文案更容易打動人心。

　　(3) 加點情緒：每個人購買的物品，都希望足以代表自己的觀點，因此在寫產品文案的時候，不妨加一些情緒來引起用戶共鳴，把產品打造成用戶的「知己」。比如：

　　❝從小就練爬牆、上樹、翻陽台的一身絕技，再大的雷聲也

從不入耳，身為主角，出場自然要走路帶風。如果非要稱讚我是帥破天際的少女，我也只能謙虛地說，我本來可以成為一位超級英雄，可惜美貌耽誤了我！**"**

這家叫作「氧氣」的內衣品牌，將情緒的表達與內衣上的超級英雄的圖案完美結合，把一個女漢子的日常寫得嬌憨可愛、打動人心。

4.5.2　用減法

（1）**減掉形容詞**：讓人難以忘記的文字，往往不是因為辭藻華麗，而在於文字表達的價值觀。在新產品文案上，麥當勞推出的某些產品可謂深入人心，比如「史努比系列」：

"喜歡就表白，不愛就拉黑。**"**

沒有贅述，只抓住顏色這個點進行深入挖掘，可謂表現亮眼，且說出很多人的心聲。

（2）**減掉負能量**：有些文案很喜歡藉由展現別人的不好，以凸顯自己的好，實際上這不是明智的做法。除非競爭對手跟你旗鼓相當，並且具有足夠的幽默細胞，否則一旦對方不予回應，你就會很難堪，所以這招還是慎用為妙。

（3）**減掉科普**：所謂「去科普」，實際上就是去除專業化語言，直接告訴使用者可以用你的產品來做什麼，不要把產品的出

廠資訊一一放上去，而是要轉化成消費者可以感知的形式。

我們來比較一下兩款手機的文案：

❝全新升級的智像 2.0，更多極致創新影像體驗。❞

索尼說得如此清楚、如此正確，然而用戶的心還是被下面這一位勾走了，因為 nubia 是這麼說的：

❝可以拍星星的手機。❞

這兩個文案，多數人更喜歡哪一款呢？顯然是後者。

總之，善用加、減法則，可以讓文案變得靈動有生趣，但千萬記得最後要繞回產品特點上。如果僅僅是情緒表達和文字技巧，整篇文案很容易缺乏獨特性。需要在用好「加、減法則」的同時，把產品的特點不留痕跡地融入，才能讓文案看起來渾然一體，獨特而新鮮。

4.6 🖊

善用經典句型，
才能事半功倍

　　有人說，一個文案寫作者要有200條句型積累。的確如此，我們可以忘掉修辭、忘掉語法，但是最好記得句型。句型好比數學中的公式，圍繞公式可以變化出很多的經典考題。

　　再小的力量也是一種支持。　　　　　——公益廣告《節水篇》
　　再名貴的樹，也不及你記憶中的那一棵。——萬科《名樹篇》
　　再小的個體，也有自己的品牌。　　　　　　　——微信

　　以上文案，很明顯都是用了「再⋯⋯也⋯⋯」的句型。可見，只要掌握了句型，就不難變化出很多經典文案。

　　現在網路上充斥著各種線上文案的寫作方法和培訓，其實，與其追求速成，不如踏踏實實積累句型，積累多了，就能體會其神奇之處，進而舉一反三、別出心裁。

　　這些句型，不僅能作為你思路卡關時的參考，在一定程度上，也能讓品牌文案更具有互動性和共鳴。在文學中的關聯詞，詞性大致可分為幾種關係：並列、遞進、轉折、承接、因果、條

件和假設等。以下常見的幾種句型，新手可以直接套用練習。

4.6.1　並列關係

(1) 一種是……一種是……

世界上只有兩種人，一種是行動者，一種是觀望者。

世界上只有兩種人，一種是喜歡宮崎駿的，一種是不知道宮崎駿的。

(2) 小孩子……大人……

小孩子才分對錯，大人只看利弊。

小孩子才害怕離別，大人都在計畫重逢。

(3) 要麼……要麼……

要麼出眾，要麼出局。

要麼給我愛，要麼給我錢。

(4) 你負責……我負責……

你負責掙錢養家，我負責貌美如花。

你負責微笑，我負責拍照。

(5) 三分……七分……

三分天註定，七分靠打拼。

三分天註定，七分靠濾鏡。

(6) 多一點……少一點……

多一點潤滑，少一點摩擦。

多一點真誠，少一點套路。

(7) 是……是……

打開門是北京，關上門是北歐。

白天是花木蘭，晚上是林黛玉。

4.6.2　轉折關係

(1) 沒有……只有……

沒有 CEO，只有鄰居。

沒有好看的衣服，只有好看的身材。

(2) 與其……不如……

與其在別處張望，不如在這裡並肩。

與其原地回憶驚天動地，不如出發再次經歷。

(3) 哪有……只是……

哪有什麼天生如此，只是我們天天堅持。

哪有什麼天生麗質，只是我們天天敷面膜。

(4) 因為……所以……

因為專注，所以專業。

因為你是你，所以我相信。

(5) 我也……只是……

我也有女朋友，只是你看不見。

我也想愛他，只是理智在吵架。

(6) 幸好／好在

在東京失戀了，幸好酒很烈。

雄性的退化是這個時代的悲哀，好在有凱迪拉克。

4.6.3　遞進關係

(1) 有多……就有多……

心有多大，舞臺就有多大。

你敷多少面膜，你就有多熱愛生活。

(2) 沒有……就沒有……

沒有買賣，就沒有殺害。

(3) 不是……而是……

你的問題不是窮，而是懶。

每天叫醒我的不是鬧鐘，而是夢想。

4.6.4　假設關係

(1) 只要……哪裡……

只要心中有沙，哪裡都是馬爾地夫。

只要心中有海，哪裡都可以浪。

(2) 只要……全世界……

只要你知道去哪裡，全世界都會為你開路。

只要你努力，全世界都會幫你。

(3) 如果沒有……

如果沒有聯想，世界將會怎樣？

做人如果沒夢想，跟鹹魚有什麼分別？

(4) 不／等於

不被看見，你就等於不存在。

沒人上街，不等於沒人逛街。

(5) 不是所有的……都……

不是所有的笑容都表達喜悅。

不是所有的雄心，都會因財富而老化。

4.6.5　肯定關係

(1) 一樣／同等

有時，孤獨和關節炎一樣疼。

與你同行的人，和你要達到的地方同等重要。

(2) 讓天下沒有

讓天下沒有難做的生意。

讓天下沒有胖子。

(3) 真正的

真正的勇士，敢於直面慘澹的人生。

真正的光芒，需要一點點時間。

(4) 不可兼得

魚與熊掌不可兼得。

痘痘和男朋友不可兼得。

(5) 就是

理想就是離鄉。

買保險就是買平安。

(6) 就是最好的

早睡就是最好的面膜。

巨大的成功就是最好的復仇。

第 5 章

教你拍一支洗腦、
快速變現的短影片

5.1 ✎

人人都愛看短影片——
省時、有趣、刺激

　　短影片時長一般不超過 5 分鐘，製作門檻低，一般人經由簡單學習便可製作，並發佈到各大社交平台。因此，今日利用短影片這一新型資訊載體，可獲取新鮮內容並作分享，改變了人們以往經由圖文獲取資訊及社交的方式。

　　近些年來，短影片在網路上爆紅，已發展成為一種新的文化。顯然在生活節奏越來越快的時代裡，這種碎片化的資訊獲取方式和社交方式，越來越受到人們歡迎。其人氣高漲的原因，主要有以下七個方面。

5.1.1　真的很「短」

　　短影片可以把主題濃縮在非常短的時間內，解決了內容繁雜、資料龐大的問題。它可以在短短的幾分鐘內承載大量資訊，而且資訊接收門檻很低，用戶間可以進行較快的傳播分享。短影片內容創作者，可以是企業，也可以是個人。其製作、傳播及維護的成本相對較低。

　　它雖然短，但要想打造出優質短影片，一定要具備良好的內

容創意、堅持輸出原創的決心，才能吸引到用戶關注。

5.1.2　主題鮮明

當年的微博最多只能輸出 140 個字，限制了人們的創作和想像力。短影片雖然只有十幾秒或一分鐘左右，但是它的內容並沒有因為時間短而被閹割，主題依舊鮮明，容易被人接受。文字能帶來的畫面感和震撼力，遠沒有短影片來得明顯和生動。

5.1.3　內容直觀

隨著時代不斷地發展，高效率工作和生活的人們，時間變得瑣碎且寶貴。連休閒時間也是碎片化的，這就意味著在一個小時左右的休息時間裡，不可能看完一部電影，這時短影片就成了娛樂解壓的選擇之一。

抖音最好的濾鏡不是任何一款濾鏡，而是「音樂」。抖音花了非常大的成本，找一批非常專業的音樂製作人，專門做網紅爆款歌曲。短影片的音樂能夠充分刺激使用者的聽覺，把感官刺激上升到一個新的高度，因為每增加一種感官刺激，用戶獲得的快感就增加一倍。

在訊息量越來越龐大的時代，人們接收資訊最喜歡的方式為集中化，也就是在有限時間內獲得最大化的訊息量。而短影片就具有這種特點，能夠直接呈現主題，且資訊承載量很大，給人的感覺非常直接和形象化。

5.1.4　成本很低

相較於傳統廣告行銷的大量人力、物力、財力投入，短影片成本大為減少，這也是優勢之一。隨著各種影片軟體和 App 的普及，短影片的製作成本門檻非常低，不需專業技術，只要有一台手機就可以拍攝。當然如果你需要更精緻的短影片，那麼還是需要購買專業的設備。

但是對於短影片來說，最重要的不是拍攝手法，而是內容，再好的設備也不一定能拍出一個有趣的短影片，內容和創意才是最重要的。

5.1.5　更具表達力

如今的行銷方式和以往的形式已經變得不一樣了，相較於以往的品牌故事、企業文化和經營模式等內容，如今更加致力於用角色和情感來打動用戶，讓用戶與品牌產生感情紐帶。

一篇故事或者說明文，遠沒有一段展示畫面的短影片更容易被人接受，影片能展現畫面、聲音、文字，可以讓使用者更真切地感受到品牌傳遞的情緒，更加具有感染性。

5.1.6　更具感染力

在當下，各個階層和各行各業的人們，總是在有空的碎片時間刷各種短影片：坐地鐵看短影片、邊吃飯邊看短影片，甚至上廁所也看短影片……。由此可見，把短影片作為與使用者交流的載體更容易被接受，輕鬆達到傳播效果。

短影片行業正逐漸向創新型、多元化發展，相信未來在專業知識類垂直領域，必將大有作為。

5.1.7　社交能力強

90 後和 95 後是最新的一代「飆網者」，傳統的紙本等媒介，已不足以引起他們的關注和重視。相反地，快速崛起的短影片社交網絡，使這類人群更加能「聊」到一起。根據系統調查顯示，短影片是當下年輕人最熱衷的社交方式。

「我們一起拍個短影片吧？」

「好啊，你記得開美肌和濾鏡哦。」

像這樣的對話，在當今的年輕人交流中廣泛存在。事實上，短影片使用者也不限於年輕族群，越來越多年齡層加入短影片的觀看與拍攝，內容也變得十分多元，如美食、旅行、遊戲、體育等等無所不包。

可以說，短影片已經成為人們茶餘飯後不可少的解壓休閒神器。能做出好的短影片的創作者真的很令人佩服，因為在有限的時間內能做出有新意的短影片，需要很好的構思。不過話說回來，萬事開頭難，有志者事竟成。

5.2 ✎

抓住 3 個關鍵點，
教你做出精彩的短影片

多餘和毛毛姐，92 年建築系理工男，在抖音發佈搞笑影片，一個月增粉 1000 萬；代古拉 K，憑藉溫馨治癒的笑容和流暢有趣的舞蹈，在抖音圈粉 2000 萬，點讚超過 1 個億。

從這些案例可以看出，只要運營得當，抖音 15 秒的影片也能經由接廣告、電商等方式變現。同樣是喜歡短影片，有些人就能把娛樂變成兼職賺外快的方式。在中國，短影片應用已圈走十分之一的國民總時間。數據顯示，短影片使用者規模接近 6 億，人均單日使用時長 32.2 分鐘。很多人不管是坐地鐵、等公車，還是下班回到家，都習慣性拿起手機刷抖音短影片。

越來越多的人看準風口加入短影片製作，創作出優質的內容。其中不乏很多品牌，開始利用短影片來行銷產品。

雖然大家對短影片不陌生，但對於如何製作完全沒概念，比如怎麼找素材、怎麼保證原創、怎麼大批量製作等。下面就來介紹 5 個簡單且快速製作短影片的要點。

5.2.1 封面圖最關鍵

在龐大的影片流裡，封面圖都是吸引用戶的第一要素。封面圖的占比要大於文字，因為視覺感官會先被大的、亮的、暖的視覺元素吸引。

吸引用戶點擊觀看的第一步就是要做出優秀的封面圖。色調盡量要暖一些，暖色調比冷色調在生理上更吸引人的眼球。如今純美食的短影片不多了，大部分都有人物 IP，在封面圖內儘量將 IP 人物放進去，讓使用者一眼就能在封面圖中看到 IP 入物，而不需要找標題、找文字。

5.2.2 選題與敘事方法

第一，選題跟進速度一定要快。比如，美食開箱評測類影片，不能等到某產品很紅了再去做，應該在它稍微有一點苗頭的時候就立刻跟進，抓緊製作和上線，才能獲得更大的流量。

第二，內容專業。無論你是行銷美食還是旅遊，一定要對該領域夠專業，而且這個專業程度是無上限的，這是用短影片行銷最基本的業務能力和素質。只有夠專業，做自媒體的路才能長遠。

第三，視角獨特、形式新穎。各個領域的品牌行銷層出不窮，一波接一波。面對激烈的競爭，只有影片夠有特點、內容夠優質，才能贏得受眾。

5.2.3　影片結構和敘事的節奏感

首先，影片的開頭儘量不要放片頭、花絮。短影片的每一秒都很珍貴，不要挑戰用戶的耐心。如果有特殊需求必須放片頭、花絮，建議不要超過 3 秒。而且不要把片頭放在影片的開場以及影片的前 5 秒，可以把它穿插在影片的中間。比如說開門見山之後再放片頭，用戶的觀看體驗會好一些。

其次，中間的內容要按照影片的時長設計一些梗。短影片的節奏，和電影劇本的起承轉合其實是一樣的。影片內容要讓用戶看進去，沉浸其中，減少中途退出的可能性，完播率才會高。比如 1 分鐘以上的影片，要做到每 30 秒就打破一下這個節奏，以防用戶覺得枯燥中途退出。30 秒一個小梗，那麼每 60 秒就要有一個大梗，來增加影片的可看性和用戶的沉浸感、代入感。

影片做出節奏感是非常重要的一件事情，再好的主題不會講故事，也吸引不了人。而製作的具體方法，需要在實務中摸索，比如影片時長、影片配樂等。可以經由剪輯，結合內容後，根據節奏多變換一些音樂，不同的音樂帶來的視聽體驗不同。

還可以在劇情上做一些變化，比如反轉，出其不意；比如開頭是抒情、慢悠悠的，中間突然出現一些出人意料的變化，都能挑動用戶的視聽體驗，避免枯燥。

最後，片尾儘量做到有驚喜感，每次都可以設計一些不同的結尾方式，避免影片僵化、模式化。還可以根據影片的調性，設計一些鼓勵粉絲互動的方法。

千萬不要沉浸於自我情緒的表達，要和用戶產生共鳴，用戶

才能看進你的影片，然後才能理解你想表達的東西。產生共鳴其實是影片行銷成功最關鍵的一點。

　　除此之外，還需要製造一些期待感。如果使用者對影片內容有期待感，表示影片真的非常精彩。大部分創作者很難做到這一點，因為發想好的內容真的很辛苦，也很難；更新的頻率要快，還要及時。所以要讓受眾產生有期待感，就需要創作者付出更多的努力。

5.3 ✎

掌握腳本創作元素，
才有「殺傷力」

　　短影片雖然只有 60 秒，但是優秀的短影片，每個鏡頭都是精心設計的。就像導演拍一部電影，每個鏡頭都是經過設計的。對於鏡頭的設計，利用的就是鏡頭腳本。可能會有人問，十幾秒的短影片有必要寫腳本嗎？腳本到底是什麼？又有什麼作用？

　　什麼是腳本？簡單來說，腳本就是我們拍攝影片的依據。參與拍攝的所有人，例如剪輯人員、攝影師、演員等，他們的一切行為和動作都要服從於腳本。什麼時間、地點，畫面中出現什麼，鏡頭應該怎麼運用，場景是什麼等等，都要遵循腳本。可以這麼說，腳本的最大作用，就是提前統籌安排好每個人每一步要做的事。

　　簡而言之，腳本是為效率和結果服務的。如果沒有腳本作為影片拍攝、剪輯的依據，你很可能拍著拍著，突然覺得場景不對，只能花時間再重新找。或道具不齊全，或演員不知道應該怎麼演。拍完之後，剪輯師更是一頭霧水，不知道依據什麼思路去剪輯。這麼一折騰，等於是在做白工。

　　腳本對於短影片來說，最主要的作用有兩個：

作用一：提高短影片拍攝效率

這點前面已經提到過了。腳本其實就是短影片的拍攝提綱、框架。有了這個提綱和框架，就相當於給後續的拍攝、剪輯、道具準備等下了流程指導。有了上述準備，拍攝起來思路會更清晰，效率也更高。

作用二：提高短影片拍攝品質

雖然帶貨短影片大多都是在 15 秒左右，最長也不會超過 60 秒，但是，如果想要流量高、轉化率高，必須精雕細琢影片裡出現的每一個細節，這些都需要腳本提前規劃設計好。那麼，腳本該如何規劃設計呢？

5.3.1 　腳本前期準備

在編寫短影片腳本前，需要確定短影片整體內容、思路和流程，主要包括以下六個方面（圖 5-1）。

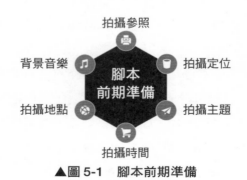

▲圖 5-1　腳本前期準備

(1) **拍攝定位**：在拍攝前期，要定位內容的形式，比如要拍的是美食製作、服裝穿搭，還是劇情短片。

(2) **拍攝主題**：主題是賦予內容定義的。比如服裝穿搭系列，拍攝連身裙的單色搭配，這就是具體的拍攝主題。

(3) **拍攝時間**：確定拍攝時間有兩個目的：一是提前和攝影師約定好時間，否則會影響拍攝進度；二是確定好拍攝時間，也可制定一個拍攝方案，避免拖拖拉拉。

(4) **拍攝地點**：拍攝地點非常重要。必須先確定好要拍的是室內場景，還是室外場景。比如拍攝野生美食影片，就要選擇有青山綠水的地方。室內場景的美食影片，就要考慮選擇普通的家庭廚房，或是較高級的開放式的廚房，這些都需要提前確定好。

(5) **拍攝參照**：很多時候，想要的拍攝效果和最終出來的效果會存在差異。為了避免這種情況，我們可以找同性質的參考樣品和攝影師溝通，說明哪些場景和鏡頭的表達方式是自己想要的，攝影師才能根據我們的需求製作內容。

(6) **背景音樂**：背景音樂是一個短影片拍攝必要的構成部分，配合場景選擇合適的音樂非常關鍵。比如拍攝帥哥美女類網紅，就要選擇流行、快節奏的音樂。拍攝中國風，則要選擇節奏偏慢、唯美的音樂。拍攝育兒和家庭劇，可以選擇輕音樂、暖音樂。

5.3.2　腳本製作過程

我們要對腳本中的每個鏡頭進行細緻的設計，製作過程主要分為以下六個要素（圖 5-2）。

▲圖 5-2　腳本製作過程

(1) **鏡頭**：鏡頭的表現手法一般包括推鏡頭、移鏡頭、跟鏡頭、搖鏡頭、旋轉鏡頭、拉鏡頭、甩鏡頭、晃鏡頭等。

(2) **景別**：分為遠景、全景、中景、近景、特寫。

遠景主要用來表現自然風景、大的場面。全景是把人物整體展示在畫面。中景是指拍攝人物膝蓋至頭頂的部分，有利於顯示人物動作。近景是拍攝人物胸部以上至頭部。特寫是對人物的眼睛、鼻子、嘴、手指等進行拍攝，適合用來表現細節。

(3) **內容**：內容就是把你想要表達的東西，經由各種場景呈現，具體來說，就是把內容拆分在每一個鏡頭裡面。

(4) **台詞**：台詞是為了表達鏡頭準備的，具有畫龍點睛的作用。60 秒的短影片，不要超過 180 個文字，否則容易讓人不耐煩。

(5) **時長**：時長指的是單個鏡頭的時間長度，可提前標注清楚，方便剪輯時找到重點，提高效率。

(6) **運鏡**：運鏡指的是鏡頭的運動方式，從近到遠、平移推進、旋轉推進都是可以的。

5.4 ✎

好文案是關鍵，
這幾種類型用戶最愛

　　好的短影片同樣需要好的文案。缺少了好文案的支撐，影片就像缺少調味的菜餚，食之無味。在影片本身不是很出色的情況下，文案能將影片提升一個層次；在影片出色的情況下，文案可以畫龍點睛。短影片中的文案最主要的功能，是建立情感連結，與使用者產生共鳴。

　　抖音之前有一個非常紅的影片，影片裡有一個人坐在計程車裡拍窗外，畫面裡是呼嘯而過的車流、逐漸後退的樹、灰暗的天空。這是常見的畫面，沒什麼新奇，畫面不唯美，也沒有吸引人的關注點。但是文案寫得非常感人：

> ❝ 背井離鄉來到這座城市已經四年了，還是一無所有。明天又要交房租了，感覺快要撐不下去了。看到的朋友能給我點個讚，鼓勵一下我嗎？❞

　　這樣的文案配上車窗外的風景和繁華城市，受眾腦海中立馬浮現一個內心孤寂、生活艱難的城市漂泊者形象。很快地，這個

影片就獲得四十多萬個讚。為什麼這麼非常平淡的影片能夠獲得這麼多關注？答案就在文案。

短影片文案寫作，首先要找到用戶在某個場景裡存在的一個麻煩，然後針對這個痛點表明品牌態度，給用戶情感上的觸動，引發共鳴。比如上述案例，就是作者用外地人在城市打拚的漂泊感，使我們在情感上產生觸動，從而激發給予鼓勵的態度。

短影片的拍攝應堅持內容至上的原則，因為優質的影片內容會吸引更多的目標使用者，而文案則像是優質影片的催化劑。那麼如何才能寫出優質的短影片文案呢？可以從以下著手。

5.4.1　互動類

在互動類短影片中，可應用疑問句和反問句，且多設計開放式問句，較容易激起觀眾互動欲望。例如：

> 66 你能打多少分？ 99
>
> 66 有多少人覺得這個怎麼樣？ 99
>
> 66 有你喜歡的嗎？ 99
>
> 66 你還想知道什麼？評論留言給我。 99
>
> 66 我做錯了什麼？ 99
>
> 66 你們說我能怎麼辦啊？ 99

這類開放式的問題，受眾看到就會有興趣去回答、去互動。

5.4.2　敘述類

　　敘述類影片可選用富有場景感的故事，或用感人的橋段來吸引人。例如：

　　66 認識兩年的一個理髮師，只能在走廊裡抽空吃個外送，漂著的人都不容易啊。99

　　這樣的敘述，呈現了一個非常有畫面感的場景，讓用戶仿佛置身其中，也較容易引起共鳴。

5.4.3　懸念類

　　懸念類的影片可在最後一秒設置反轉，例如以下：

　　66 一定要看到最後！99
　　66 最後那個笑死我了！哈哈哈！99
　　66 最後一秒顛覆你的三觀。99

　　此類文案可以引發用戶好奇心，持續觀看。

5.4.4　段子類

　　段子類短影片的文案，甚至可以與影片無關，但需要有強場景感。例如：

> 66 聽完這首歌我拿出我爸的香煙，襯托出自己是個滄桑的男人。美好的畫面在我媽提前回來的那一刻定格了。當我們倆四目相對，我並沒有慌張，而是眯著眼對我媽說：「小芳，這麼早就回來了？」那天是我第一次住院。 99

這個文案的反轉非常好玩，也能夠激起受眾的回饋。

5.4.5　共謀類

共謀類影片，例如勵志、同情、真善美等等內容。

> 66 3 個月從 80 減到 56……，原來我們都可以做到。 99

人們都希望他人看到的自己，是自己所希望的那個樣子，所以如果你的文案能與大眾合謀，誰會拒絕變得更好呢？

5.4.6　恐嚇類

如果說廣告的目的是製造自卑感，那麼恐嚇型影片的文案，就得是那個讓你自我懷疑的臨門一腳。例如：

> 66 「我們每天都在吃的水果，你真的懂嗎？」 99
> 66 「每天敷面膜，你不怕嗎？」 99

5.4.7　蹭熱點類

這是大部分人都知道的方法，也是文案中最簡單易學的創作方法，只要「熱點」選擇得當，可以在短時間內帶動非常高的流量，這是一般選題無法達到的。

5.4.8　低門檻類

低門檻是很多爆紅事物背後的邏輯，一個老少皆宜或菜市場阿姨都能看懂的短影片，才有可能成為爆款，因為它的內容很大眾化，不是只有特定人群才能看得懂，且傳播成本很低。

5.4.9　共鳴類

想要讓自己的短影片成為爆款，就一定要和用戶產生共鳴，共鳴分為正向共鳴和反向共鳴。正向共鳴是別人對你的認同，反向共鳴是別人對你的不認同。認同能展現身分價值，不認同會帶來爭論，兩者都容易引發粉絲們的熱議，從而帶動話題，產生爆款的機率也飆漲。

5.4.10　明星效應類

明星對我們的生活各方面都具有足夠的影響力，可以經由娛樂化的方式和使用者進行情感互動，讓用戶精神愉悅的同時，領會到產品的理念和價值，不失為一種好方法。可以寫明星的娛樂八卦，還可採訪明星或和明星聊天，這些內容用於影響和引導用戶來說已經足夠。

5.5 ✏️ 影片要能「洗腦」，文案的 6 個鐵律掌握好

厲害的短影片文案可以提升產品的價值，促進銷售，有助於品牌形成長期穩定的發展趨勢，很多人把這叫作「品牌影響力」。但寫影片文案總有腦路閉塞、抓耳撓腮的時候，所以如果歸納出規律，可以省不少力氣。下面給大家提供六個切入點。

5.5.1 植入關鍵字

短影片文案，首先是讓平台審核的。例如，抖音的審核機制是機器＋人工。機器主要是給短影片上標籤，看看你的影片是哪個領域，有哪些用戶可能會看你的影片和初步審核是否有違規現象，人工審核是否違規和是否優質。

所以說影片文案中，要盡量多涉及該領域關鍵字，比如職場領域多用職場、老闆、員工、薪資、跳槽、同事等詞，讓機器推給更多人。當然了，還需要注意短影片文案的「雷區」，也就是哪些詞我們是不能用的，否則平台會限制推薦。

非常規詞

比如生僻詞、網路用詞、縮寫詞等，機器根本讀不懂，那麼就無法幫你精準地匹配用戶，受眾數會大大受限。

文案太長

影片一定要有文案，且一定要多踩關鍵字。但注意文案不要太長，設計在 1~2 行內，一眼就能看明白的程度即可。因為使用者在一個影片中停留的時間也就 3 秒，若是太長，用戶連看都不想看。

違反規定

指違反平台的規定和法律，後者是嚴格禁止的，會被封號。以下提供某短影片平台的規定給大家參考：

第一，文案不能誇張，比如使用「震驚」、「嚇死了」、「最高級」、「全世界」、「膽小慎入」等故意造成驚悚的詞語。

第二，文案不能用演員的真名代替劇中的名字，誤導用戶以為是明星的花邊新聞。

第三，文案與影片內容不符、與事實不符。

5.5.2　收集熱門關鍵字

一條簡單的文案中，若插入一些大眾都關注的事物、打動人心的詞語、每個人都會遇到的煩惱等等，立馬變得很吸引人、很戳心。所以我們平時可以多收集這方面的詞彙，例如看到一則好的文案時，把它拆分成一個個關鍵字，去掉助詞和副詞，留下的那些詞就是你值得收集的詞。

當寫作沒靈感的時候，也可以用這些詞，把你的文案與這些詞想辦法聯繫在一起，就是你要做的事。收集的詞語越多，文案的腦洞範圍也就越大。

5.5.3　販賣焦慮

細細觀察不難發現，每個人的生活都是追著各種各式的熱門新聞：今天是隱私洩露問題，明天是某公司爆出欺詐用戶；今天感歎命運多舛，明天盼望活久一點……。因為資訊流社會中，每個人都或多或少存在焦慮感：情感焦慮、工作焦慮、新聞資訊焦慮、知識焦慮等。而你要做的就是把短影片內容與焦慮結合，為用戶緩解這個焦慮。比如紅星二鍋頭的文案：

❝ 待在北京的不開心，也許只是一陣子；離開北京的不甘心，卻是一輩子。❞

在這個文案中，去留都是一種選擇，自己的路自己做選擇。道出了廣大「北漂者」的辛酸，也撥動了所有離家在外拚搏之人的心弦。這樣的短影片文案，對於正在焦慮去留問題的受眾，很具吸引力。

5.5.4　形象化的比喻

比喻是文案創作中的一種重要手法，同樣適用於短影片文案，它可以讓影片內容變得生動、活潑、更立體。比如：

❝強生嬰兒香皂，像媽媽的手一樣溫柔。**❞**

以上文案，把一個不具體、無法量化的標準，套上了效果最好的比喻，讓使用者對你的產品印象打高分。

5.5.5　數據的表達

在《華爾街日報是如何講故事的》一書中，有關於數據表達的四條具體建議：

第一，用比例來代替龐大的數據：比如在 5522 個工程師中，有 1112 個用 asp.net，直接說五分之一就行了。

第二，用簡單的方法把意思表達清楚：比如已經有 60% 人同意了，直接說超過半數人已經同意就行了。

第三，提供一個參照對象讓數字更具體：比如他今天喝了 10 公升水，這相當於 5 瓶大容量可樂。

第四，不要在一個文案裡運用過多的數據，讓讀者的閱讀起來像看一道數學題。

如果想在短影片中用數據表達品牌或產品，不妨試一下這幾點，提升文案的可讀性。

5.5.6　流量思維

流量思維，簡單來說就是用戶思維，即站在用戶的角度思考。須洞察使用者需求，像使用者一樣思考，影片內容給誰看，就把自己當成受眾來寫文案。

如果沒有完整的思維系統，可以借鑑以下五點：

第一，用戶的需求和偏好。

第二，需求和偏好的滿足方式。

第三，這種滿足方式需要什麼產品和服務來完成。

第四，產品和服務需要使用者投入多少成本來完成。

第五，對比其他商家，說清楚自家產品成本上的核心優勢。

結合以上五點找到用戶需求，想像一下使用者看了你的影片文案後，願意把它分享出去嗎？對用戶來說實用嗎？然後，把影片內容中能夠戳中用戶的核心優勢說清楚就可以了。

5.6 ✎

入門級到大神級，
15 款製作軟體

　　我們常常在抖音、快手等自媒體平台上，看到別人拍的短影片又好玩又「高大上」。事實上，只有少部分人製作完全原創的影片，大部分人的影片還是來自於偽原創，即經由剪輯處理，製作成自己的作品。下面從入門級到大神級，介紹 15 款短片剪輯軟體。

VUE

　　VUE 是 iOS 和 Android 平台上的一款 Vlog 編輯工具（圖 5-3），可經由簡單的操作完成 Vlog 拍攝、剪輯、微調和發佈，記錄與分享生活，還可以直接瀏覽他人發佈的 Vlog，與 Vloggers 互動。

▲圖 5-3　VUE

大片

　　大片是一款極具個性化和時尚感的短影片分享 App（圖 5-4）。這款 App 內建了多種效果處理工具、個性化模版預設和

多元化的動態排版，並將短影片編輯創作工具和社交分享平台結合在一起。

　　在大片中，你可以使用功能獨特的編輯器創造短影片，或者用 MV 範本生成一段炫酷的小影片，還可以看到來自全球使用者的作品。

▲圖 5-4　大片

Quik

　　Quik 是一款功能強大的影片編輯軟體（圖5-5）。在 Quik App 中你可以將自己喜歡的照片、影片，製作成超炫的影片作品，多種影片風格任你選，還可以自由添加文字、音樂等，非常多變化。

▲圖 5-5　Quik

iMovie

iMovie 由 Apple 公司官方出品，一款專為 MacOS 平台設計的視訊短片軟體（圖 5-6），是 Macintosh 電腦上的應用程式 iLife 的一部分。它允許用戶剪輯自己的家庭電影，大多數的編輯事項只需要簡單點擊和拖拽，就能完成。

▲圖 5-6　iMovie

擁有美觀、精簡的設計，iMovie 以影片為焦點，讓你以前所未有的方式演繹故事。可瀏覽影片資料庫、製作美輪美奐的 HD 高清影片和好萊塢風格的預告片。經由 iCloud，你可以在所有設備上使用 iMovie Theater 觀賞影片。

InShot

Inshot是一款神奇的影片圖片編輯軟體（圖 5-7）。這款軟體有強大的影片照片編輯功能，讓你就算是個短影片小白也可以輕鬆操作，同時，Inshot 還有音樂添加功能，讓你的影片有聲有色、內容豐富。

▲圖 5-7　InShot

Enlight Videoleap

Enlight Videoleap 是一款製作創意影片的軟體（圖 5-8），其優點是做到易操作和專業性的平衡，簡單易上手，以圖層來編輯，可隨心所欲創作。

▲圖5-8
Enlight Videoleap

Final Cut Pro X

Final Cut Pro X 是 Mac OS 平台上最好的影片剪輯軟體（圖 5-9），Final Cut Pro X 為原生 64 位軟體，基於 Cocoa 編寫，支援多路多核心處理器，支援 CPU 加速，支援後台渲染，可編輯從標清到 4K 的各種解析度影片，ColorSync 管理的色彩流水線，則可保證全片色彩的一致性。

▲圖5-9
Final Cut Pro X

　　Final Cut Pro X 的另一項主要革新是內容自動分析功能，載入影片素材後，系統可在使用者編輯的過程中，自動在後台對素材進行分析，根據媒體屬性標籤、攝影機數據、鏡頭類型，乃至畫面中包含的任務數量歸類整理。

拍大師

　　拍大師，是一款簡單的專業錄影軟體和影片剪輯軟體，集成了螢幕／遊戲／iphone 投屏錄影／直播，支援無限軌道編輯、畫中畫、配音、加字器、文字轉語音、加背景音樂、調色等專業功能。

　　自帶豐富的好萊塢震撼片頭、3D文字、調色濾鏡、轉場、趣味音效範本，輕鬆編輯影片淡入淡出、快慢放、畫面旋轉效果，可一鍵上傳影片到優酷和騰訊等多個影片平台，同時支援手機製作上傳。

愛美刻

　　一款強大的線上影片製作軟體，有多種範本可以選擇，手機、電腦均可操作，只需要準備製作好的照片或者影片素材、上傳，加上文字即可。這是一款需要付費的軟體，需要大量製作影片的創作者不妨考慮使用。

喵影工廠

喵影工廠，是一款簡單易上手的影片製作軟體。基本功能可滿足所有新手需求，僅用免費特效，也能讓業餘影片創作者做出很棒的效果。

快影

快影是快手公司旗下一款簡單、好操作的影片拍攝、剪輯和製作工具，具有強大的影片剪輯功能，豐富的音樂庫、音效庫和新穎封面，讓你在手機上就能輕輕鬆鬆完成影片編輯，製作出令人驚豔的趣味影片。快影是快手用戶製作搞笑、遊戲和美食等影片的選擇，特別適合用於30秒以上長影片製作。

會聲會影

非常受歡迎的影片編輯軟體，簡單易學功能強大，業餘愛好者和專業人員都適用。讓用戶可以輕易地製作出非常有特色的影片，是編輯影片、音訊、圖片、動畫的好幫手。

網路上很多作品其實就是使用會聲會影製作而成。軟體自帶許多範本，導入你的現成影片、圖片，配上錄音或音樂，就成了片頭片尾。

第 **6** 章

想帶貨直播狂掃，
這 6 個技巧照著做就對了

6.1

情感打動消費者，
才會喊 +1

　　一件衣服要打動人，必須要有情感在裡面。一針一線縫出來的衣服，帶著情感和溫度。在西方，眾多奢侈服裝品牌最愛提及的手工傳承、百年技藝也是高價位的代名詞，它們不只是個品牌，還成為一種風格、一種情感表達方式，或者故事，這樣的服裝品牌才會具有靈魂。

　　著名市場行銷學家菲力浦·科特勒，把人們的消費行為大致分為三個階段：

　　第一階段是量的消費階段，這一階段商品短缺，人們追求量的滿足。第二階段是質的消費階段，這一階段商品的數量極豐富，人們開始追求同類商品中高品質的商品。第三階段是感性消費階段，隨著技術的不斷成熟，產品的同質化，不同品牌的商品間很難在品質、性能等方面分出上下高低。這時消費者所看重的已不是商品的數量和品質，而是最能展現個性與價值的商品，是消費的個性化階段。

　　由以上，我們明白了為什麼在服裝文案中必須要有情感的投入。因為只有這樣，才能促使用戶細心品味，讓服裝成為外在的表達語言，折射出內心的感受。比如綠色與黑色有著不一樣的表達訴求。綠色是冷靜的色調，是一種和平的顏色，不張揚也沒有侵略感。而黑色，永遠流行，非常有主見。

　　所以，寫服裝文案一定要有情感訴求，一一解讀服裝背後的文化。比起一味只強調高貴、美麗、優雅的普通文案，更能深入用戶的內心。這種有感情的文案，用戶還沒有看完就已經被打動了，真正說服他的，是被喚起的潛在情感訴求。那麼，面對情感求本來就已經氾濫的不利狀況，服裝文案如何在行銷中把情感變成購買力呢？不妨從以下三個著力點切入（圖 6-1）。

▲圖 6-1　服裝文案情感行銷的三個著力點

6.1.1　找到特別的情感共鳴點

　　很多服飾文案在情感訴求上驚人地相似，無外乎都在講「我就是我」，在演繹手法上也大致雷同：找個明星拍影片，試圖用他們的真實生活來演繹個性的包容；或採訪素人，美其名曰各行

各業 KOC（註：Key Opinion Consumer 的縮寫，意思是關鍵意見消費者）的故事。

但隨著對這些套路的洞悉，用戶的情感行銷閾值已經越來越高，要想真正打動他們，需要找一些還沒有被講到爛俗的情感點，用他們樂於接受的方式來演繹情感。

原因在於如今人們對於物質生活的感受閾值越來越高，當吃到越來越好吃的東西，再多一點好吃的，也不會感到有那麼好吃了。雖然人們的工作和生活壓力大，但是因為物質條件好了，感官的基本需求經常被過量滿足，導致人們更加渴望精神上的需求增加。

比如大部分的人都存在過量飲食的現象，沒有機會運動和吃苦，於是有了「徒步戈壁」、「跑馬拉松」等活動需求。

基於這樣的情感洞察，服裝文案不能只是浮於表面，而應用恰到好處的方式表達出來，讓使用者發自內心認同，把情感訴求變為購買力。

6.1.2　找到真正的情感洞察點

人是一種情感極其豐富的物種，可以挖掘出很多情感共鳴點，重點是如何建立與產品的聯繫。例如：

告別一板一眼的生活，從放棄一板一眼的襯衫開始。

——日系垂順堆領襯衫

這個服裝品牌的目標受眾，是 25~35 歲在都市的打拚的人群，普遍對未來感到迷茫和焦慮。所以品牌文案要做的是先以同理心去理解工作的枯燥和呆板，讓他們感到窒息，但可以從著裝上來寄託自由的靈魂，緩解工作中的循規蹈矩。這個過程中最重要的，是找到目標使用者的情感共鳴點與服裝建立聯繫。

6.1.3　找到情感共鳴的賣點

一條褲子要是能陪你上由下海，那它該是能叫姑娘忘記男友的存在。
　　　　　　　　　　　　　　　　——復古斜紋背帶哈倫褲

這個文案告訴大家褲子很結實，穿若它可以適應任何環境，甚至可以忘記男朋友的存在。很多女孩子看過之後，會覺得這條褲子可以賦予自己剛毅的氣質，無形中就被說服了。

所以，服裝文案想經由情感行銷增加銷量，有一個不可或缺的因素，那就是能否在產品本身找到觸動共鳴的賣點，這也是很多服裝文案容易忽略的一個環節。

這裡所說的情感共鳴的賣點，可以用兩種方法來打造：一種是產品本身就有的功能，那你要做的就是在行銷中傳遞這個賣點；另一種是產品本身沒有這樣的賣點，但可以經由行銷手段，在購物體驗上打造這樣的情感。

6.2 ✎

有賣點，
文案自然脫穎而出

當使用者一打開搜尋引擎，琳瑯滿目的服飾文案會湧現在眼前，該如何做才能讓廣告擊敗群雄、脫穎而出呢？自然非一個好的文案莫屬。所以，寫這類文案前，首先要對品牌服裝色彩、外形、質料，還有製作工藝四大要素有所瞭解；其次要深度挖掘服裝的賣點，對照片進行相應的補充說明；最後用能夠吸引眼球的句型，從眼花繚亂的資訊中脫穎而出。

6.2.1 好身材誰不想要

相信不管是男人還是女人，都會希望藉由衣服表現出身材優勢，好身材是所有人的嚮往。所以，可以從身材方面著眼，讓人一看就知道服裝的重點，自然很容易吸引目標使用者。比如泳衣的文案就可以這樣寫：

❝胸前膨脹感 Get！托高、集中，好身材若隱若現，輕鬆征服全海灘！❞

如果是賣男裝，則可以寫：

❝完美服貼，展現爆肌肉的男人魅力，炫出你的黃金比例。**❞**

有人想展現身材的優勢，但也有一些人想要隱藏身材的缺點，而修身百搭一直是不退流行的話題，可以用捨短取長的寫法，輕鬆擊中用戶的心！比如：

❝全民瘋顯瘦，肉肉妞大熱天就這樣穿。**❞**
❝告別胖身材，心機穿搭讓你更貼近性感。**❞**

而針對身材比例的不同，不妨從版型入手，比如：

❝獨家設計師款，專為東方人設計，高品位剪裁，打造清新的酷感淑女。**❞**

這則文案特別強調是專為東方人設計，適合那些又想清新又想酷感的女孩。如此一來，輕鬆與市面上的其他品牌做出區別，給用戶留下特別清晰的品牌認知。

6.2.2　明星追追追

熱情的粉絲常常會對偶像的一舉一動非常關注，而明星的衣著打扮自然成了最顯而易見的模仿重點，明星效應由此產生，可

以輕鬆引人注意、刺激消費，帶動產品銷售。

> **好萊塢明星人手一件。韓星歐巴都說好穿。**

如果品牌和明星沒有代言簽約，就可以像上面的文案那樣，用「好萊塢明星」和「韓星歐巴」這類比較廣義的代名詞，告訴用戶，他們喜歡的明星都穿這個。

6.2.3 優惠特賣不能少

換季的特賣通常可以吸引到不少用戶，因此有活動促銷的時候，根據季節來包裝是很不錯的選擇。比如：

> **暑期季末折扣，買愈多省愈多。**

不同的優惠方案也可以寫在同一則文案，讓商品看起來更划算。比如：

> **全場任 2 件享組合價，輕鬆打包，滿額再享免運費。**

6.2.4 特別強調品質

服飾的材質、質感，也是用戶越來越在乎的事，尤其對買童裝有需求的家長會特別重視，關心材質是否天然、無刺激。商家如果對產品的材質有信心，可以用文案來強調。比如：

❝100% 舒適手感，讓肌膚解悶透透氣。**❞**

❝天然彩棉，A 類品質，夠軟，夠大，夠親膚，給寶貝完美的呵護。**❞**

這兩則文案從同理心出發，設身處地為那些在乎衣服品質的用戶思考，從他們最關心的安全質料、天然環保、零甲醛等細節入手，來消除他們心中的疑慮，進而接受產品。

6.2.5　這就是你要的風格

各式各樣的服飾風格，都會有屬於自己的客群，找對服裝的特色，再用文字加以修飾，總會得到不錯的成效。例如某品牌大多是黑色系的服裝，就可以寫：

❝個性女神，性感演繹魅力。**❞**

至於潮牌服飾的客群，年齡層相對比較小，可以這樣寫：

❝超越潮流，創造你的潮流。**❞**

這則文案，對於想時刻引人注目的年輕人會特別有效果。但如果產品大多是非常簡單的款式，可以寫：

❝用極簡風甩開邋遢，散發女神知性美。**❞**

6.2.6　符合產品調性

不要高估價格的力量，也不要低估品牌的力量。可以根據自身品牌的定位，採用符合產品特性的文案策略，從而達到最高轉化率。

> ❝隨風，隨意，隨生活。❞
> ❝遇見‧璀璨之夏❞

這是兩組棉麻品牌服飾文案。品牌型文案主要傳達品牌精神和內涵，以及品牌代表的生活方式。在細分產品使用群體，獲得目標使用者高度認同方面，有不可替代的作用。

> ❝想要你，在每一次相遇，對我一見鍾情。❞
> ❝風都是跟風，我去哪裡都一樣。❞

此種情緒化表達，以敏銳的直覺與感受，洞察少女的戀愛心事，以少女心的喃喃自語引發共鳴。強調個性的獨立設計師品牌，較適合此類文案風格。

6.3 ✎
成功的品牌都有好故事，
你也得編出一個

　　世界上有三個改變世界的蘋果。第一個被夏娃吃了，開啟了人類的欲望；第二個砸中牛頓，發現了萬有引力；第三個被賈伯斯咬了一口，出現風靡世界的蘋果系列產品。

　　這是坊間關於 Apple 公司的一個傳說，雖然是由網友杜撰，卻具有非常明顯的穿透力和傳播力。這說明好的品牌故事，可以讓人銘記很多年，並且廣為流傳。

　　大腦分為左腦和右腦，左腦是理性腦，右腦是感性腦。左腦極具邏輯及分析能力，決定我們的分析和邏輯表達。右腦極具藝術天分，決定我們的藝術、繪畫、講故事的能力。身處於資訊大爆炸的時代，每個人的時間仿佛都不夠用，這時侯左腦會理性地選擇遮罩廣告，以節省時間；而右腦是情緒腦，人們會不自覺地被故事打動，而且喜歡道聽塗說一些八卦、趣聞、有意思的事。

　　所以，品牌用故事化溝通是傳遞訊息最有利的方式，服裝文案也是如此。翻開很多服飾品牌的歷史，會發現每個成功品牌的背後，都有一個動人的故事。

❝Armani 說在他的人生字典裡，永遠有一句話經典地閃爍著：「我是為設計而生的，在我的生命裡流的是設計師的血液。」時至今日，Armani 公司的業務已遍及一百多個國家。除了高級時裝 Giorgio Armani 之外，還設有多個副牌，如成衣品牌 Emporio、女裝品牌 Mani、休閒服及牛仔裝品牌 Armani Jeans 等，其中產品種類除了服裝外，還設有領帶、眼鏡、絲巾、皮革用品、香水等。Emporio Armani 是非常成功的品牌，Emporio 的義大利語的意思是指百貨公司，即 Armani 百貨公司，這是 Armani 年輕系列的牌子。**❞**

這則文案是 Armani 服裝品牌的故事，把創始人一句極具匠心的話放在開頭，強調這是一個非常注重設計感的品牌，給人留下非常深刻的印象。由此可見，這些故事可以賦予服裝獨有的特質和內涵，是品牌向用戶傳達品牌精神的重要工具，可以讓用戶產生共鳴和認同感。

品牌故事也是用戶和品牌之間的情感連結，使用者受到感染或衝擊，激發潛在的購買意識，並願意「從一而終」。但是並不是所有的品牌故事都能廣為流傳，必須包括兩個核心要素。

6.3.1　品牌核心價值觀

一個與品牌理念契合的故事，強調的正是「品牌的核心價值觀」。

❝ 在長滿青茵草的運動場上，曾經的毛頭小子和黃毛丫頭初遇，他們來自江南的不同角落，卻有著熱愛服裝的共同夢想和那最純樸最熱情的青春。他贏了萬米長跑冠軍，她為他加油喝彩。紡車前的那對戀人裁剪著一塊塊棉麻布料，混著老紡車吱呀的織布聲，譜出曼陀鈴的旋律，古典而空靈。**❞**

女裝 INMAN 茵曼的故事，講述了江南一對青年男女在大學相遇並成為戀人，共同學習共同成長，度過了很多美好的青春時光。後來又因為對紡織業的共同愛好，走上服裝設計和加工的路，最後一起創辦了茵曼這個品牌。

茵，是青茵草，代表著校園裡那片戀戀不忘的綠草如茵。曼，是曼陀鈴，婉轉著江南水鄉的曼妙身影。茵曼的品牌核心價值就是「原生態的美」，這是區別於其他服飾品牌的核心因素。

所以找準品牌核心價值觀，我們才能確立服飾品牌的主題，它或許只需要一兩個字就能概括。例如德芙背後的故事主題是「表白」，Apple 背後的故事主題是「引領」，還有無數的故事，背後都由一種情感或情緒作為支撐。

6.3.2　品牌故事附著產品

服飾品牌故事並非空中樓閣，需要實體來支持。產品往往作為品牌的真實依託，呈現出品牌故事所傳達的理念。因此品牌故事必須附著於產品，經由產品包裝、細節、賣點、口碑等環節的塑造，提升品牌故事的可感度。

66 繼承文藝內核的知性表達，有奧黛麗·赫本式的優雅味道，兼具幽默、靈動的因數，翻出新鮮的花樣。為你設計可以穿去上班、可以下班約會的好看衣服。**99**

拿這則文案來說，經由彰顯衣服的「適用性」來舉例，經由場景舉例，承載一些和文藝知性的相關話語，比如大家熟知的奧黛麗·赫本、約會等字眼，讓品牌特質更鮮明，讓人非常容易接受，同時也突顯了該品牌的與眾不同。

如此一來，品牌服飾就真真正正擁有了文藝知性的人格魅力，給用戶代入感，覺得只要穿了這個品牌的衣服，就會變得文藝知性。所以，在服飾品牌故事的寫作中，無論是產品細節、質料材質、剪裁設計，都要足以支持品牌故事所傳遞的價值觀、理念，做到上下一致、真實有料。

6.4

專攻一個主打商品，
只聚焦目標消費者

❝你寫 PPT 時，阿拉斯加的鱈魚正躍出水面；你看報表時，白馬雪山的金絲猴剛好爬上樹尖；你擠進地鐵時，西藏的山鷹一直盤旋雲端；你在回憶中吵架時，尼泊爾背包客一起端起酒杯在火堆旁。有一些穿高跟鞋走不到的路，有一些噴著香水聞不到的空氣，有一些在寫字樓裡永遠遇不到的人。❞

　　這是淘寶女裝品牌「步履不停」的文案。近幾年這個品牌，將文案寫成了充滿美感現代詩，描繪出美妙的意境，並融入人生思考，看上去十分文藝，俘獲了千萬文藝少女的心。

　　這一路走來，步履不停的文案，從最開始的文藝風到後來加入人生感悟，再到短小金句，聚焦的都是「都市文藝風女裝」的風格，這是一個超細分類，很輕鬆地避開了淘寶上大部分女裝品牌的競爭。

　　該品牌何為要聚焦？即品牌資源有限時，應傾盡全部資源去專攻一個細分類。比如早期京東主打 3C；Apple 的復生全靠一個 MP3；海底撈忠誠不二煮火鍋。其實，這和物理上的壓力原

理是一樣的:釘子尖越小,越容易刺進物體。

這點很好理解,步履不停的風格是「都市文藝風女裝」,而喜歡這種風格的人,也必是「偏文藝的都市女青年」,所以目標消費群體非常狹窄和精準。既然有了一個精準狹窄的目標消費群體,文案在用戶洞察上就容易很多,加上「偏文藝的都市女青年」也是一個喜好和個性十分鮮明的群體,文案在製造共鳴上,也就大有可為。

另外,使用客戶喜歡的語言作說服,是銷售的基本技能。所以,聚焦目標消費群體後,文案的風格便可以精準地使用消費者喜歡的形式。比如對象是「文藝青年」的語言,與對向是「商務人士」的語言,就是兩套完全不同的文字,前者更為精緻,意象更為浪漫。

以上步履不停的聚焦戰略,最關鍵的步驟就是找到具有「相同核心特徵」的使用者(或潛在用戶)。唯有相同核心,才能洞察共同需求、使用共同語言、打造集體共鳴。最常用的聚焦戰略有以下三種。

6.4.1　統計學聚焦

這是一個最常用,也最簡單的市場細分策略。它經由用戶身上可以被統計、量化的具體特徵來進行細分,比如年齡、性別、收入、教育程度等等。例如高價服飾品牌和平價服飾品牌所面對的消費者,其年齡和收入必定有極大差異,因此他們對待服裝的態度也勢必不同。

所以在寫服飾文案過程中，就要根據這些特點的不同，去使用不同的語言風格，塑造不同的利益點。

66 脫掉年齡，穿上冒險。我就是，我。**99**

這則西武百貨的平面廣告，正是經由統計學找到用戶群體──中青年人。他們最不喜歡聽到「適合你的年紀」、「你這個年紀已經不適合」之類的話。寫出這樣彰顯自我的文案，說出了這些用戶內心想說的話，表達一份不甘心。從而引導他們去穿從未穿過的衣服、去冒從未冒過的險，時刻準備遇到一個全新的自己。

再比如，一些潮流時尚的品牌，購買者大部分為收入不太高的年輕人，所以在文案上便會使用偏年輕化、網路化的語言，並且強調樸實的價值觀或功能。而針對高收入人群的大品牌、名牌，則傾向使用文化性、高格調的語言。

6.4.2　心理聚焦

對於心理聚焦，也有人稱為「個性特徵聚焦」，就是指按照用戶的生活方式、個性特點，去聚焦出一個市場。比如有的用戶群體熱愛文藝、心思敏感、嚮往遠方，於是就產生了像「步履不停」這樣的文藝服裝品牌。

66 聽見雲走了，風在說話。樹葉朝著陽光微笑，他們覺得你

被傷感吞沒了，其實你只是感受到了全世界。**

　　而步履不停的文案，自然而然也符合目標客戶的氣質，像這則文案一樣，文藝、靈動且充分表達情緒。

6.4.3　場景聚焦

衣服是性別。衣服是空間。衣服是階層。衣服是權力。衣服是表演。衣服是手段。衣服是展現。衣服是揭露。衣服是閱讀與被閱讀。衣服是說服。衣服是要脫掉。衣服就是一種高明的政治，政治就是一種高明的服裝。

　　以上這則中興百貨的文案，把衣服比作高明的政治、性別、空間、階層等抽象的東西，從側面說明衣服在各種社交場合和生活場合裡的重要性。

　　事實上，相同的用戶在不同的場景中，會做出完全不同的服裝消費選擇。比如參加聚會和落寞獨處時，在著裝選擇上就大有不同；工作日與長假時，選擇的休閒方式也會明顯不同，相應的服飾自然也不相同。所以，「場景」也是服飾品牌聚焦市場的一個重要變量。

6.5 ✎

給品牌靈魂，
消費者不只買衣服還買形象

　　現代行銷大師菲力浦・科特勒直言不諱地指出：一個成功的人格化品牌形象，就是最好的公關，能夠促使顧客與消費者的關係更密切，使消費者對品牌及其內在文化的情感逐漸加深。

　　隨著媒體環境的變化，品牌今日要面對的是電視、報紙、雜誌、網路、各種 App、微信與直播等各類媒介平台。在這樣的環境背景下，一個品牌就是一個人格標籤，品牌必須具有自己獨有的靈魂和性格，才能在資訊爆炸中獲取受眾的注意力，並且贏得持久的信任。

　　在商品匱乏的時代，商品僅能夠提供功能滿足，但如今市場競爭愈演愈烈，品牌人格化逐漸成為在競爭中勝出的法寶。

　　行銷的本質是佔據客戶的心智資源，而廣義的「品牌」概念與之異曲同工，品牌具有經濟價值的無形資產，用抽象化的、特有的、能識別的心智概念來表現其差異性，從而在人們的意識中佔據一定位置。

　　所以，一個好的品牌，必然是人格化、有個性、有靈魂的，

而這也是用戶忠誠於某個品牌的根本原因。最終，品牌在消費者心中的形象，已經不僅僅是一個產品，而漸漸演變成了一個形象鮮明的「人」，甚至擁有自己的個性、氣質、文化內涵。關於服裝品牌文案人格化，不妨學習如下兩個品牌。

6.5.1　品牌 1：勁霸男裝

品牌人格化的初級形式，只是將品牌賦予一定的形象，這些形象符號的功能，主要是增強品牌的辨識度，並不過多承載品牌精神和企業理念。消費者越來越重視消費過程中的參與感與體驗，他們對冷冰冰的品牌不感興趣，只會喜歡和自己性格一致並且具有高度辨識度的「人」，所以將品牌人格化是讓用戶愛上你的前提。

勁霸男裝推出了一支品牌廣告片，攜手肖全這位中國當代最頂尖的人像攝影師，耗費 15 天、6 個省份、7638 公里、32 位消費者、30 多個不同行業、1300 次快門、280 張照片，真實記錄一些普通而平凡的男人，把這些相對成功的普通人拉進大眾的視野，以藝術而溫情的方式將他們的姿態定格，為用戶所銘記。

> 男人永遠別把難看得太難。
> 我不怕失敗，只怕不努力。
> 不服氣，我才有了好運氣。
> 男人不去闖，就是白活一場。

　　在這組「勁霸，就這樣」的主題廣告中，為那些不甘止步、勇往直前的男人發聲，希望人們記住那些從未被聚光燈照射，卻仍在舞臺上起舞的男人們。這是把抽象的品牌轉化為具象、可感的「人」的形象，拉近了用戶與品牌的距離，以此彰顯品牌的定位，獲得市場與用戶的認可，積累下極高的社會知名度與品牌影響力。

　　但品牌人格化時，一定要搞清楚：在與目標群體的對話中，品牌要扮演一個什麼樣的角色，要與目標群體建立何種關係。你的品牌可以不大，但你的產品必須有鮮明的態度，讓思想影響他人，用個人魅力去為品牌增色。

6.5.2　品牌 2：韓都衣舍

　　韓都衣舍是知名的網路服飾品牌，憑藉「款式多、更新快、性價比高」的產品理念，創立 12 年來，屢次拿下各電商平台網路服裝品牌銷量第一。這與其構建網紅人設及人格化行銷，增強用戶信任的運營思路是離不開的。韓都衣舍的目標消費群是年輕女性，這些用戶非常關注網紅穿搭，嚮往網紅的生活，因此韓都衣舍將品牌的韓風和網紅結合，經由構建韓國網紅人設，進行「維新派」的人格化行銷。

> 66 你們說網路是泡沫，你們說我們還太嫩，你們總以過去定義我們的未來，你們總拿你們的故事否認我們開創的奇蹟。你們正老去，卻還不承認世界已經在我們手裡。

保守，從來守不住。未來只為維新而來。謝謝你們保守派，這個時代我主宰，我們是維新派。一個人做的夢只能是夢，一群人做的夢是一個時代，致敬那些敢於顛覆傳統的時代先鋒。🙷

　　犀利而具有挑戰的廣告文案，亮出自己是「維新派」的觀點，這種不賣貨卻賣人設的行業，正是為品牌打造人格化服務。這樣人格化的行銷，能讓用戶覺得品牌離自己的生活很近，就像是身邊的朋友，信任感很容易就建立起來了。

　　但在這個過程中，要注意平等溝通，因為品牌人格化的最終目的，是實現品牌與用戶的有效溝通。有效的訣竅，在於「平等」，如果品牌總是保持著高高在上的姿態，就會給人距離感。你的品牌應該俯下身來，讓使用者體會到有人情味的服務，從而產生共鳴。

6.6 ✎

兼顧文風和商品特色，
輕鬆網羅文青粉絲

　　走文藝路線的服裝品牌不少，它們的很多文案都能讀出詩意，但是具體介紹細節的時候，往往就回歸「理性」了：印花精美、剪裁貼合亞洲體型、柔軟棉質等。很顯然，在服裝介紹的時候，文藝風的文案不那麼好寫。

　　既要保持文案的調性，又要符合衣服的設計和特色，的確是比較為難的。以「步履不停」品牌為例，常用的方法有以下。

6.6.1　從衣服的穿著場景上延伸

　　寫衣服的描述性文案，經常會帶到穿著場景，但是可以嘗試換種方式，不再只是簡單羅列場景，而是把場景和穿者的心情、情緒、性格融合在一起，會比較容易寫出文藝風的句子，同時又讓服裝有了人格的底色。比如：

> 只有俐落的外套和腳步不被雜草束縛。——高翻領針織大衣
> 一人一貓、無人打擾，想像中一人居的理想狀態。
>
> ——貓咪印花圓領 T 恤

身體交給外套，心交給雪地，才是感受冬天的方式。

——蝙蝠袖呢料短外套

這件叫離家出走的風衣，有沒有讀懂你的出離心？

——寬鬆連帽廓形短款風衣

6.6.2　從服裝的特色上找轉捩點

質料、設計、剪裁等特色，都能讓一件衣服出色，而文案可以利用這種「出色」，不是順延，而是轉折，讓這種特點呈現出意料之外的優勢。比如：

告別一板一眼的生活，從放棄一板一眼的襯衫開始。

——日系垂順堆領襯衫

窗外已是燥熱喧嘩的夏天，但人生的四季變化，只有自己知道。

——繫帶不規則抽褶裙

我想過夏天有短褲短裙，卻從未想過它倆相擁度日。

——夏季假裙短褲

假如你感到悲傷，希望一件毛衣的暖，能帶你離開。

——花邊領毛織開衫

重複的很多，獨特的很少。你的個性，是這世界急需的養料。

——日系豎條紋休閒連衣裙

沒有台階的人生，甚至都比不上，一條起起伏伏的裙子。

——裁片結構半身裙

6.6.3　增加一些生活的小哲理

來自生活中的「小哲理」，常會讓人會心一笑，如果仔細思考，會發現這些小哲理實在太巧妙，若用在產品文案上經常會收到不錯的效果：

你永遠無法預測下一個浪花，會拍在什麼地方，所以照顧好心情和褲腳就好。　　　　　　　——純色棉麻休閒褲

會被鐵網捕捉的，永遠是那些，畏畏縮縮的靈魂。
　　　　　　　　　　　　　　　　——簡約印花披肩

不是衣服顏色單調，活得無趣那會兒，穿什麼都單調。
　　　　　　　　　　　　　——寬背帶工字褶半身裙

不能在日常裡找到令你平靜的事物，後果可能是成為一顆仙人掌渾身長滿刺。　　　　　　——全棉基礎短袖 T 恤

堅守我的黑白主義，管他世界五彩紛呈。——格紋八分闊腿褲

6.6.4　從服裝的細節，找到與日常的連結

細節的描寫，如果和日常結合，就會生動有趣很多。服裝文案更是如此，相比於一板一眼地描述顏色、質料，我們更喜歡看到有靈魂、有生活情趣的描述。

公車、肥皂、斑馬線和油條，風把整個城市的氣味裹挾而上，然後在某個場所不期而遇。　　　　——天空條紋連衣裙

藏青、淡卡其交織的風衣外套，一眼就能識別的秋天氣息。

——格紋翻領風衣

像半融化狀態的三色霜淇淋，15% 澳洲羊毛，鬆鬆軟軟的，穿的時候，和用小勺子輕輕挖開沒什麼兩樣。一人份的熱量已經裝在裡面啦，巧克力，花生，牛奶，請慢用。　——漸變色套頭毛衣

寒冷過後溫暖也不遠，含苞待放的燈籠裙，再見就是春天。

——個性拼接燈籠裙

日本哲學教授鷲田清一認為，穿衣服的學問是一門哲學，它包括更廣義的穿衣行為，比如化妝、染髮、使用香水。在這一切背後，是一種名叫「自我」的東西，引導著我們的行為。

步履不停經由以上四種方式，來兼顧文風與衣服的賣點，文案文字細膩，調性一致，充分表達出品牌「積極隨性，相對自由」的自我（而這正是很多文藝女青年的普遍追求）。所以，能夠輕鬆進入用戶的內心，讓她們成為品牌的死忠粉絲。

第 7 章

怎樣的創意能做到，
　讓廣告還沒看完
就已經喊 +1……

7.1

掌握 3 個原則，
成功銷售變美的欲望

　　在談化妝品文案之前，先想一下，女人為什麼需要化妝品呢？因為美是一種永恆的追求。而化妝品廣告文案銷售的是一種變美的期望，暗示你如果使用他們的產品，就有可能變美。

　　搞懂了女性這一消費心理，90%化妝品文案的思路也就出來了：給你變美的期望，提升你的自信。文案中通常都會描述產品的使用效果，比如「緊緻肌膚」、「改善皺紋」、「水潤剔透」，但說得都很籠統：皺紋要改善到什麼程度、究竟什麼樣的肌膚才叫水潤？給用戶留下很大的想像空間。比如屈臣氏的「美麗每一個你」，ONLY 的「肌膚與你，越變越美」。

　　化妝品文案直接關係到產品的定位、風格，甚至銷售結果。可以說，化妝品的暢銷與否很大程度上取決於文案創作。當然這不僅涉及創作者的專業和文化素養，而且涉及品牌的文化脈搏。因此，化妝品文案創作不可能一蹴而就，必須厚積薄發，精雕細琢。

　　縱觀當前化妝品的文案創作，大致表現為「三多三少」：一是迎合消費者多、盲目跟風多；經典的少、耐久的少。二是模糊

概念多、東拼西湊多；易懂易記的少、言簡意賅的少。三是修飾用語多、假代借代多；簡單明瞭的少、名實相符的少。

　　造成這種現象的主要原因，是化妝品行業的短期行為直接影響了文案創作的孕育與提升。想提高化妝品文案創作品質，錘煉具有品牌文化、產品特色及美化生活的化妝品文案，必須把握好三個原則。

7.1.1　產品的定位與風格

　　化妝品究竟是先有產品還是先有文案，這是一個究竟是先有雞還是先有蛋的問題，不必深究。但有一個問題必須高度重視而且維持：文案必須為產品服務，產品必須與文案相符。這是最基本的要求。

　　所謂定位，簡單講就是「什麼等級的產品賣給什麼階層的人」，還可以延伸出：這是為誰生產的產品，產品的形態及其功能有哪些，取決於銷售的管道是什麼，打算賣給哪些地方的哪些群體等等。掌握了這些基本的要素，就可以分析判斷消費群體的層次和結構，創作出用戶易於接受的文案。

　　所謂風格，就是吸引眼球的藝術特點，化妝品文案的風格可以是抒情的、直白的，也可以是含蓄的。但有一點必須避免的是，法律上對化妝品文案的關鍵字有很多規定，但有時候很多文案偷換概念，一看就是假冒偽劣。產品是靠品質說話的，而不是靠文案說話的。在這一點上，大牌產品語言精鍊、簡潔明瞭。相反地，一些雜牌產品就顯得囉囉嗦嗦、自相矛盾。

7.1.2 文案的方向與訴求

　　所謂方向與訴求，簡單地說就是一個說明書，盡可能地把產品說清楚講明白，在此基礎上力爭影響力和感召力。有了影響力和感召力，就有了賣點，所以化妝品文案的方向非常重要。掌握了產品的定位與風格後，文案的方向與訴求就非常容易掌握了。但在方向與訴求上，必須堅決克服假、大、空的毛病。比如：

> ❝ 面膜敷得早，臉看起來比較小。❞

　　這個文案裡面有個雙關和小洞察。「臉看起來小」是一個雙關，意思是看起來年輕，又指看起來臉小。小洞察是，即使瓜子臉的女生都嫌自己臉大，希望再小一些。就跟體重一樣的道理：沒有最瘦，只有更瘦。

　　但事實上，即便敷再多面膜，也不會讓臉瘦下來或者變小，這是化妝品文案創作的大忌。所以，在文案創作的要求上，首先必須確保沒有病句、錯別字以及錯誤的標點符號，這是最基本的。其次是必須確保層次清楚、條理清晰、表述準確。最後是要有一定的邏輯性，讓用戶感覺到「有點水準」。所以，身為一位文案創作者，一定認真反思每個字、每句話、每個符號，並認真推敲。

7.1.3 市場的效果與預判

　　文案好不好，消費者最有評判權。因為從某種意義上說，文

案既是產品的特性、用途以及材料、印刷等的設計方案，也是製作工藝，還有品牌、經濟成本等因素的預先研判。因此，一定要貼近市場，以市場為導向。

目前很多化妝品文案在貼近市場上，做得很用力也很用心，但沒有把握好「度」，有點太過了，給人一種吹噓的感覺。以下這個文案的獨特之處在於，它狠狠地諷刺了那些不可靠的化妝品文案，經由找別人的毛病，塑造出自己很專業可靠的形象。

66能讓臉一下子變白的都不健康。99
66包裝比成本還要高。99

7.2 ✎

學會套用萬能公式，
保養品詞彙總整理

　　文案都有套路，描述化妝品功效的，其實也有套路，也就是有專屬於化妝品的詞彙庫。以下為你整理了一系列常用詞彙。

7.2.1　保濕滋潤類

　　功效關鍵字：保濕屏障、水潤充盈、鎖住水分、水潤彈力、天然提煉、完美光彩、滑潤細膩、活化、淨化、注入養分、嬰兒般魅力肌膚、飽滿水潤、光潔嫩滑、平衡油水、亮澤肌膚、精華滋養水潤、豐盈補水、持久滋潤保濕、補水保濕、緊緻滋潤、純植物性配方、雙重活力、給肌膚補充營養、保濕雪肌水潤光澤、深層滋養、深層潤澤、滋潤鎖水、滲透吸收、修復、柔嫩、美肌持久、植物精華、收縮毛孔、深層鎖水、膠原蛋白、成分溫和、會呼吸的肌膚。此類文案參考品牌如下：

　　缺水肌膚的補水救星，四層密集補水、鎖水、蓄水。山梨樹花蕾提取物與保濕高科技，卓效四層遞進，肌底水庫持久滿倉，水潤逾越四季。使用前輕輕搖動，使水油雙重質地充分混合，不

僅迅速釋放高效水溶性和脂溶性精華能量，更易於肌膚快速深度吸收，帶來高效補水的驚喜。　——嬌韻詩恒潤奇肌保濕精華液

7.2.2　補水功效類

功效關鍵字：解救乾渴肌、高效補水、深度補水、補水彈潤、豐盈補水、淨潤補水、水潤亮采緊緻、雙重活力、緊鎖水分、蘆薈、滲透吸收、淨柔潔膚、柔滑、保濕定妝、多效水深、淨柔潔膚、柔滑、柔嫩、精心呵護、植物精華、臨床試驗、宛若新生、成分溫和、水嫩妝容、天然提煉、閃耀完美光彩、明亮氣色、飽滿水潤、滑潤細膩、微量元素、淨化。此類文案參考品牌如下：

為肌膚提供深層保濕和滋養，輸送高度濃縮的緊緻因數，深入肌膚底層，充分補充水分。肌膚飽滿、水嫩，透現瑩亮光澤。　——萊珀妮補水保濕修復面霜

7.2.3　美白嫩膚類

功效關鍵字：光采亮麗、天然提煉、萃取美白精華、細嫩無瑕、魅力肌膚、完美光采、明亮氣色、強化肌膚、植物性配方、維生素 B、抗氧、晶亮煥膚、水感透白、改善暗沉、淡化色斑、均勻膚色、褪黑亮白、美白肌膚、美白成分、改善暗淡粗黑、提亮持續、淨化、提亮、煥白亮采、去角質、防曬利器、柔滑、煥發光彩、淨柔潔膚、柔嫩、美肌持久、精心呵護、萃取植物精

華、成分溫和、自然裸妝、無瑕白皙。此類文案參考品牌如下：

　　從肌底提升膚色與膚質，從而提升肌膚光澤度，透射珍珠般潤白光芒。
　　　　　　　　　　　　　　　　　　——Olay 淨暇精華露

　　美白精華液排行榜，嬌韻詩淡斑小瓷瓶，源頭阻截黑色素，淡斑淨透，重現肌膚白皙。　　　　　　——嬌韻詩淡斑小瓷瓶

7.2.4　去斑淡斑類

　　功效關鍵字：無暇自然美肌、亮膚淡斑、褪黃淡斑、淡斑精華、去除色斑、預防色素沉澱、水潤透白、精心呵護、淡斑提亮遮瑕精華、宛若新生、成分溫和、無瑕白皙、抑制黑色素過剩生成、天然提煉、細嫩無瑕、肌膚細胞再生、強化肌膚、新透白美肌夜間去斑、加速肌膚新陳代謝、微量元素、修復受損肌膚、改善暗淡粗黑、嫩白去斑、提亮膚色、淡斑抑斑防斑、改善黯沉、淡化皺紋疤痕。此類文案參考品牌如下：

　　蘭蔻多年精研，破解肌膚美白的關鍵，五種衡量標準，卓效降低色斑大小，深淺以及反覆度。即使斑點頑固，效果依舊顯著。肌膚更淨白，更透亮。　　　　　　　　——蘭蔻淡斑精華乳

7.2.5　控油去痘類

　　功效關鍵字：油脂分泌過剩、搶救痘痘肌、深層清洗、毛孔粗大、有效去痘、抑痘調理、收縮毛孔、淡化痘疤、臉泛油光、

蘆薈、告別油膩肌膚、淨柔潔膚、清爽、去青春痘粉刺、控油爽膚、換季大作戰、成分溫和、清爽無油光、修復凹洞清爽補水、吸附多餘油脂、控油保濕。此類文案參考品牌如下：

控油去痘精華、清黑頭收縮毛孔、去痘淡印、控油清痘、調節油脂，水潤充盈，有效調節肌膚酸鹼平衡，控制油脂過量分泌，令肌膚整天清爽不泛油光。　　——理膚泉清痘淨膚細緻精華乳

7.2.6　減齡抗衰類

功效關鍵字：緊彈亮潤、修復、精心呵護、擊退歲月年輪、植物精華、臨床試驗、膠原蛋白、活膚粒子、SPA 級吸收精華、成分溫和、彈力抗皺、抗老精華素、嬰兒般細嫩無瑕、肌膚細胞再生、滋養肌膚、三重抗衰老功效、提拉緊緻、強化肌膚、修復歲月痕跡、煥膚奧秘、粗糙暗沉、多層修復、滲透吸收、明亮氣色、植物性配方、淡化細紋、年輕亮澤、加速肌膚新陳代謝、活化酶、護膚精華、肌膚緊致、光潔嫩滑、重塑、修復受損肌膚、高效、提拉緊緻抗衰老。此類文案參考品牌如下：

微精華原生液，微細深透肌膚，原生賦活科技，啟動修護力，觸發再生力，強健防禦力，賦活肌膚原生如初的年輕狀態，肌膚水嫩、平滑、淨透、勻淨……盡現原生年輕。

——雅詩蘭黛精華原生液

這 6 大招，
所有爆款化妝品都在用

　　行銷界有一句經典的語錄：只有當顧客真正喜歡你、相信你，才會開始選擇你的產品。但一個新產品在進入市場之初，往往是無人知曉的，要想被用戶接受甚至打動他們，就要靠一擊即中的文案，讓產品衝出視野。

　　以下 6 個化妝品文案的招數，幾乎所有化妝品文案都在用，每招後面也蘊含著不一樣的傳播路徑，但異曲同工的是，最終能實現產品的銷售。

招數一：點明利益

　　購買產品或服務時，大多數人看中的是利益價值。一旦這種利益關係存在，就容易產生購買行為。但現實問題是，用戶對於新產品的識別度是非常低的。這個時候，就需要經由文案告訴使用者，你的產品能幫他們解決什麼問題。因此文案中最常見也最實用的招數就是點明利益。

　　首先，陳述基本事實。韓國保養品牌雪花秀，其核心成分是人參萃取物。人人都知道人參的滋養作用，因此此品牌的文案只須把產品的特色變成利益輸出，直接告訴用戶，讓他們自己去感

受這種差異。

其次，需要點明利益。因此，就有了「以人參滋白能量，澈褪色斑暗沉」這句文案。雖然中規中矩，但點明了人參在產品中的作用，就能讓用戶知道，原來人參不僅限於燉湯。

在點明產品利益方面，雅詩蘭黛更加簡單直接，曾推出的「肌膚問題，交給雅詩蘭黛」、「抵禦歲月侵襲，合力守護年輕」等文案，將產品能夠解決的問題具體化，更易俘獲有這方面需求的消費者。

招數二：全面包裝

正所謂人靠衣裝，產品想賣出去，離不開好的文案包裝，這方面至少有三個重要技巧。

第一，找到產品亮點。很多品牌都會找明星代言，如此就可以直接利用名人效應傳播。例如，「這是宋仲基愛用的洗面乳」、「鹿晗隨身帶的面膜」等。如果請不起明星，你的產品有什麼亮點就指出來。例如 YSL 聖羅蘭主打聚糖科學概念，並提到 100 年科研 7 項獲諾貝爾獎殊榮。諾貝爾獎的分量自不多言，聚糖科學則說明它用心鑽研產品。

第二，文案包裝產品。事實證明，好的包裝文案越來越能夠打動用戶了。而好的文案，最基本的要點則是朗朗上口和新趣好玩。比如雅麗潔曾推出過一組反應不錯的文案，「都說女人是書，但你這本書封面有點皺」、「你看上總是那麼青春，永遠在戰痘」。

第三，對產品有自信。在眾人眼裡，用戶往往對商家的「王

老王賣瓜」十分反感。但事實上，如果你展露一點幽默，讓消費者會心一笑，他們也會接受你的產品。比如植美村的一組文案：

> **「祖傳的美貌藏不住了」。**

招數三：場景化暗示

這種文案的最大好處是，主動提醒使用者該用他們的產品了。「要想皮膚好，早晚用大寶」這個文案的價值在於，直接告訴消費者，用我們的產品能夠讓皮膚變好，且早晚都要用。

同樣，「日彈，夜彈，彈彈彈，彈走魚尾紋」、「你和小芳之間只差支玻尿酸的距離」等，都有著異曲同工之妙。事實上，這種暗示性文案相當於是給產品一個定位或貼上標籤。如此一來，能夠讓消費者在千千萬萬的商品中選上你。

招數四：打感情牌

不會打感情牌的化妝品文案一定不是好文案。打感情牌有兩大好處，比如母親節時，資生堂打出「別敷衍，如果她愛嘮叨，就學會聆聽。」這樣做的好處，一是沒有亮點的產品可以製造出亮點；二是容易與用戶達成共鳴，引發他們對產品的思考。

招數五：主張價值

一個能夠打動人心的品牌，必然有著強大的價值觀作支持。而價值主張一般來說有兩種：一種是圍繞產品做文章，一種是強調精神層面。自然堂提出了「征戰倫敦、美在巔峰」的主題行銷文案。歐詩漫則公佈了三組文案，分別是「終點只是另一個起

點」、「年輕無懼磨礪，砥礪終將成珠」、「用努力重新定義美麗」。

招數六：洞察心理

不得不承認，人們在物質生活得到滿足後，對精神需求的標準變得越來越高，用戶也更注重跟品牌或產品的「三觀」是否契合。因此，可能你的一句文案對了，他們就會對你產生好感。反之，則會從心裡抵觸你。

洞察用戶的心理，應該是每個品牌最難完成的事情。不過，一旦對用戶的心理洞察有成效，在傳播上自然「磨刀不誤砍柴工」。比如百雀羚推出的《過年不開心》廣告宣傳片，集中拋出了幾個問題：

> ❝有對象嗎？❞
> ❝賺多少錢啊？❞
> ❝你看我女兒在身邊多穩定，而你為什麼要離家？❞

相信對於漂泊在外準備返鄉的遊子們來說，這幾個問題直擊心靈。雖然該廣告最終以兩代和解這種傳統觀念為結局，但相信它的文案必然引發不少年輕人深思。

7.4

有趣、有創意，
出其不意更有效果

　　女人可能沒有男朋友，但是不能沒有化妝品。化妝品品牌如果想吸引人，除了功效，還有文案。

　　❝ 人長大之後真的是要化妝，不為別的，就為這生活在無數次想哭的瞬間，還可以咬咬牙說：不能哭，老娘的妝不能花！ **❞**

　　這樣有趣、有料的化妝品文案，自然能夠吸引用戶眼球。那麼，該如何做呢？

7.4.1　有創意的名字

　　有創意的名字不是指品牌名，而是產品名，好的名字可以一秒就吸引人注意，不妨從以下幾個方面來入手：

心理暗示

　　化妝品、保養品以及香水品牌的命名套路之一，就是給人足夠的心理暗示，比如 SKII 的青春露，青春這個詞就給人足夠的心理暗示，感覺用了也許就能重返青春。

情感寄託

前男友面膜、心機彩妝、斬男色口紅這類名字，則是利用了用戶的情感寄托。小黑裙是法國嬌蘭在 2012 年推出的一款淡香水，自上市以來，便在全法國市場榮登榜首。它的創意來源於女人衣櫥裡必備的一條小黑裙，舉說創作靈感來自於這款小黑裙的調香師，在一次中國之旅，對一名身著小黑裙的女子的一見鍾情，因此小黑裙被賦予了浪漫的情感。

產品功效

可以直接在名字裡展現產品功效，比如 NARS 的文案絕對是標題黨，有幾款品名取得讓人羞澀，例如解放、狂歡不眠、高潮等等。其中「高潮」這名字用作腮紅的確恰當，世上有什麼比情欲中的潮紅更適合妝點臉頰的呢？

7.4.2　學會和用戶調情

女人，是最感性的生物，如果你打算只靠產品功效打動女人那是不可能的。世上真的只缺你這款產品嗎？去痘的真的只有你家是最好的嗎？去眼袋的難道就沒有別的選擇了嗎？所以，不能只一味強調功效，還要寫出一些打動人心的文案，學會與用戶調情，在無形中傳遞給品牌力量。

針對特定人群

某男性保養品牌選擇不正面展現其品牌屬性，而是緊緊扣住文藝青年的內心，拍攝了一部揪心又頗具風格的短片《他們說，我是文藝青年》。

66 他們說，我是文藝青年，把欲望當作浪漫，愛不敢言，優柔寡斷。無所事事，卻好像無所不能，滿懷理想主義，卻又作繭自縛。也許吧，有時我也不能分辨，複雜的是世界，還是我？在放肆和克制之間徘徊，在理想和現實之間猶豫，在嘲笑和理解之間掙扎，其實我只想和深愛的一切在一起。讓夢想存於內心，把堅持寫在臉上，對這個世界的複雜說一聲：再見！告別複雜，高夫就夠！**99**

由這個為文藝青年們發聲的文案，想想你的產品能不能為特定人群發聲呢？比如教師、記者、白領、學生等，挑一個具有特色的群體，為他們創作一篇品牌文案，他們認同的話，自然會為你宣傳。

直擊社會話題

精準的社會洞察及略微敏感的社會話題，就夠吸引人了，若接著陳述你的品牌態度，傳遞你的品牌力量，會讓人忍不住想要多瞭解一點品牌故事。例如這個廣告文案《有時，被誤會才是更高的讚美》，講述了這個世界對女人很苛刻，漂亮女人總易引來誤會。

這個世界對女人其實挺苛刻的。誰不愛美？外貌能為我們加分，但同時也會帶來很多的誤會。你努力地去表達、去證明，別人會誤會你是在作秀。你拼命地做出一點成績，別人會誤會，這不是你的能力可以做到的。大家總是會認為努力、善良和成功，

只應該屬於那些不在乎自己外表的女人，而愛美的女人註定會被誤解。也許只是因為你已經超越了他們心中的期待，有時被誤會是更高的讚美。巨水光，好到被誤會。

7.4.3　來點出其不意

當所有人都在抗拒敏感這回事的時候，一個敏感肌護理品牌，卻從人群中蹦出來說「謝謝，敏感」。再搭配上日系小清新的圖片與文案，女人們都曾經懼怕的東西，也會變得可愛。

> 66 人生意義，就是找到對的人一起「嗚嗚嗚」下去。99
> 66 養得活自己，也養得起你們。99
> 66 是不是夠膽，用好奇欲征服世界，每個角落都是美好。99

這個主題為「for 敏感症候群」的主題文案，沒有一味地去誇自己的產品如何好，而是反其道而行從另一個角度出發，反而收到與眾不同的效果。

7.4.4　一句話文案方便記憶

一句耳熟能詳的文案可以引發洗腦式的傳播，節省一大筆的廣告費。比如丸美的「彈彈彈，彈走魚尾紋」，這讓很多人小時候連魚尾紋都不知道是什麼，但已經知道丸美眼霜了。還有自然堂「你本來就很美」等，都是使用這種方法。

7.5

戳中痛點的文案，
最容易受到矚目

對於化妝品市場來說，最終拚的是化妝品的文案。翻開磚頭般的時尚雜誌，或者影片彈跳式廣告，化妝品的花招越來越多，不過不管吹的是哪種風，都還是有套路可尋的，大致有如下幾種。

7.5.1　護膚成分學

這類廣告文案是從產品成分入手，以自然純粹的成分為賣點。一部分強調理性，突出用戶實際獲得的利益。比如悅木之源菌菇水，強調靈芝的奇效，承諾用戶購買後對肌膚的幫助。另一部分是感性的廣告，試圖營造與環境有關的情景，引起用戶情感反應。比如 Innisfree，由潤娥拍攝的精華水的廣告，並沒有提及植物成分功效，主要營造鮮花美人的氛圍。

自然般純粹

此類成分化妝品文案，強調產品純粹，自然對用戶的呵護也是一樣單純不摻假，代表品牌有如悅木之源、Ocean Skin 等。

來點小情緒

這類廣告文案主打情懷，運用情感化行銷來樹立品牌形象。其實，每個品牌都有自己的個性，品牌個性就是將品牌擬人化，賦予品牌生命力和與消費者溝通的能力。比如：

> ❝ 我是剩女，so what，孝順與婚嫁無關，年齡不是將就的藉口，渴望愛情但絕不盲目，謝謝你們的愛，但請理解我。❞

SK-II 這則廣告文案，直擊大齡有志未婚女性，打狗血、賣情懷，為這個群體發聲，以此獲得她們對品牌的認同。

7.5.2　護膚方法論

這類文案強調高科技是改善肌膚最重要的關鍵，比如雅詩蘭黛小棕瓶，針對饑渴型皮膚。

> ❝ 雅詩蘭黛小棕瓶，30 年 DNA 探索，ChronoluxCB 修復，淨化損傷直達修護巔峰…… ❞

是不是感覺聽不懂，那就對了。要的就是這種「高端大器」的感覺，你的皮膚豈是俗物簡法就能觸碰的？要想重煥美顏，科技才是真理。

產品才是王道

細細品味蘭蔻小黑瓶的文案，或許帶些許高冷，但非常清楚地告訴大家：「我就是你變得更年輕的小秘密，素顏怕什麼？用了我們的產品不化妝也一樣美。」

❝我所守護的年輕，根植於你的基因之中，無關年齡。❞

7.5.3　加強品牌個性

實證表明，如果用戶對品牌在個性上的感知低於廣告訴求，那麼顧客的購買欲可能會很低。如果用戶的實際感知高於廣告訴求，那麼用戶的購買欲就會很高。簡單來說，就是廣告訴求要與品牌個性保持高度一致性，或者加強品牌個性。

例如，有些化妝品牌在創立時主打植物系護膚，它的廣告訴求必然緊跟品牌定位，推崇植物護膚。比如悅木之源、雅漾、Innisfree等。

試想，這些品牌也可以走情懷路線，比如悅木之源提出保護綠色生態，但是不能成為主打路線。畢竟使用者買你的產品是為了護膚。所以，品牌成立之初的功能性定位，往往決定後期廣告的訴求重點。

7.5.4　精準鎖定受眾特徵

不同品牌的使用者，受產品價格、功能等影響，有明顯的區隔，這種區隔會影響廣告訴求。

❝愛敷面膜的女孩，事業不會太差。**❞**

　　這句文案雖然很普通，但是能精準鎖定用戶心理，言簡意賅卻又直擊人心，這一點很關鍵。為什麼有些人不買保養品？很大的原因是有心理罪惡感。覺得買不下這個東西，是浪費、亂花錢的行為，這時有兩個有效辦法能降低罪惡感。

　　第一，建立用戶的自信。比如歐萊雅「你值得擁有」，可以幫助用戶建立信心，讓其認為這個保養品自己值得享有。第二，告知這個行為是社會認可的，用保養品，可以提升自己的形象，從而幫助自己的事業，而不是為了一己私欲。

　　再比如 SKII 的 Change Destiny 系列產品，它的受眾特點是有一定年紀的都市白領女性，因為有來自社會各方面的壓力，所以有高度逆齡美顏需求。於是 SKII 借此賣情懷引發一系列女性話題，如果這一情懷換成針對年輕族群的品牌就行不通。

　　但此類文案，要注意抓住產品特點與使用者特徵的關聯性，沒有關聯也要創造關聯。說白了，就是告訴用戶憑什麼買你的產品。好的保養品廣告，一定是在內容上能夠擊中使用者痛點的，在方式上是有趣味性、故事性或參與性的。

第 8 章

讓人光看文字就猛流口水的「文案套路與架構」

8.1 ✍

幾個大招，
挑起讀者的味蕾

　　什麼樣的美食文案可以稱得上是優秀呢？大抵是可以不看畫面、不聽聲音、不聞味道，光憑著文字的質感，就可以讓你吃到一頓饕餮盛宴。那麼，如何才能和文案高手們一樣，把食物寫得讓人怦然心動？除了有對食物的愛，當然還是少不了套路。

8.1.1　展示細節的美好

　　在《舌尖》這類美食紀錄片中，你一定能發現一個秘密，那就是在鏡頭的處理上，採用了大量的特寫鏡頭。特寫＋慢速，展示了食物生動的細節。特寫＋快速，展示了食物在時間裡的變化。文案也是一樣的道理，你對食物的細節描寫得越清晰，食物在腦中的畫面感就越生動。對於吃貨來說，這就是傳說中的「致命誘人」。我們來看一組文案對比：

　　普通：這一盤煎餃外酥裡嫩，金黃剔透，好吃極了。

　　細節：這個是高湯焦掉發出的香味，確實這樣的話就不用沾醬了，高湯滲入皮之後，適度的焦黃確實讓味道更香了啊，不過

應該還不只這樣，也不能說粉粉的，能讓皮的口感這麼清爽，應該是還有用山芋吧？每吃一個都有新的口感，感受新的味道。內餡柔潤得好像要化掉一樣，每嚼一口嘴裡就溢滿了鮮汁，微麻微辣的風味，輕輕地刺激著舌頭。乍看之下，這些煎餃好像沒有什麼特別，其實裡頭下了不少讓人吃起來回味無窮的功夫。沒想到煎餃也能達到如此美味的地步，這是我頭一次吃到的滋味。

所以你看，一旦有了細節，連文案都性感起來，不由得讓人沉溺在美食的暢想裡。

8.1.2　講述食物背後的故事

很多美食紀錄片，其實就是在講述美食背後的故事。它是怎麼在時光裡跋涉，經過了誰的手，最終是如何呈現到你的面前。一個有故事的食物，往往蘊藏著食物的內涵，光從食物本身的名字講述起來，都變得有質感、高級。比如海鮮飯一定要來自西班牙，牛肉一定要來自日本神戶，按這個道理，湯包可以叫金陵秘製大肉湯包，生煎包可以叫滬式海鮮玲瓏生煎，越是把這些故事講出來，美食越令人遐想。

8.1.3　運用五官感受去讚美

怎麼讓用戶信服你所描述的美味？那當然是親口試吃。怎麼樣讓這種美味變成文字傳遞給讀者？唯有變成他的五官，眼看、耳聽、嘴嘗、鼻嗅、手觸，才能真正把他們的心撩得七葷八素。

訴諸五感，不能靠辭藻的堆砌，而要靠體驗的立體呈現。

視覺：「超大的芒果」vs「直徑比 iPhone 6 橫放還粗的大芒果，簡直比臉還大！」。

聽覺：「油鍋滿滿沸騰」vs「油鍋裡滋滋的聲音越來越響，就像所有油花在迫不及待地歡呼雀躍」。

味覺：「鮮香美味，意猶未盡」vs「滿口都是芒果爽滑的香甜，溫暖的甜香幸福感直撲腦門」。

嗅覺：「美味珍饈，香氣撲鼻」vs「香味竄進鼻子，牽著我走進馬路對面的小店」。

觸覺：「口感酥脆」vs「牙齒剛剛輕咬，酥皮就簌簌落下，讓人忍不住用手去接，生怕錯過一分一毫的美味」。

8.1.4　善用熟悉事物做比擬

淘寶店的運營有一個概念：標品和非標品。什麼叫標品？就是規格化的產品，有明確的型號、外型等，比如筆記本、手機、電器、美妝品等。一般說到標品，我們心裡會有畫面，大概知道它是長怎樣的商品。而非標品是無法進行規格化分類的產品，比如服裝、鞋子、花藝等。

帶有設計色彩，每個人做出來都不一樣的東西，叫非標品。為什麼要提到標品和非標品呢？因為一般來說，標品是我們一提到就能迅速想像到、有概念的，在寫作的時候更注重的是它們的功能性。而非標品，則更需要我們用更加抽象的思維，去描述它的亮點。

美食，顯然屬於非標品，即使是同一道菜，不同的人做出來味道也不盡相同，所以為非標品寫文案，比擬是必不可少的寫作方式。

66 吊龍肉要涮多久？把 1 顆花生從剝開到吃掉的時間就夠了。**99**
66 超級甜的龍眼，有多甜？甜度比甘蔗還高了兩個蘋果。**99**

　　非常明顯，以上文案都是用熟知的事物，比如剝花生、甘蔗和蘋果等，來「翻譯」未知的事物，立馬豁然開朗。如果你想要一個想象力非常豐富的文案，那麼就不要吝嗇你的創造力。

8.1.5　挑動個人情感

　　傳說，要抓住一個人的心，要先抓住一個人的胃。自古以來，人們總是把食物和情感緊密聯繫在一起。所以說關於美食，最高級的莫過於談愛。做的人滿懷熱愛，吃的人滿心歡喜，最恰當的描述就是那句「唯有愛與美食不可辜負」。

　　情感元素是美食文案無法割捨的一部分，媽媽給孩子做的飯，男生給女生做的飯，那些年和室友一起吃過的泡麵……。食物的讓人大快朵頤，有時候不在於是什麼樣的珍饈，而是做飯的人，給你的情感溫暖或者悸動，所以在美食文案中一定要注意情感的融入。

掌握 4 大架構，
寫出誘人美食

　　美食沒有吃進嘴裡前，光從外表無法看出好不好吃。誘發食慾和營造享受的氛圍，都需要文案來呈現。而要寫出一篇讓人流口水的美食文案，必須設計文案的結構，才能步步為營，佔領用戶的胃。一般美食文案的整體架構分為四個部分：

(1) 動機誘發：標題＋開場白

(2) 差異細節：產品介紹＋製程

(3) 場景營造：情境＋教學

(4) 品牌情感：故事＋理念

　　這是一個非常好用的美食文案撰寫架構，可以先照這架構多寫幾次，熟練了之後就可以加入自己的風格。

8.2.1　動機誘發

　　美食文案對比其他產業的文案，最大的優勢就在於動機的誘發比較容易。最簡單的方式，就是放一張美食的照片，透過商業

攝影的技巧，光是美味多汁的畫面就會讓人口水直流了。因此在撰寫食物文案時，千萬不能少了照片的搭配。在動機誘發這一步，分為兩個方面進行，分別是引發食慾和營造享用氛圍。

引發食慾

照片純粹以食物為主，儘量不要出現人物，因為人物會占掉版面。顏色上多使用暖色系，而文案的撰寫重點為：口感的描述。比如：

> 香辣帶勁，勁脆夠味。噴汁爽快，欲罷不能！

描述時多點動詞，動作會讓人產生畫面，力道更足。也可以利用對話的方式撰寫。比如：

> 你絕對沒嘗過的響脆咬勁。甜入你心的吮指美味。

營造氛圍

照片以人群為主，通常強調一家人或一群朋友享用的溫馨與樂趣，以美食為主體在中間，旁邊圍繞著一群人即可。這時的文案撰寫方向為：享用的時機。比如：

> 每個團聚時刻，都有經典香腸的陪伴。
> 招待好友的心意，交給生乳卷替你表達。

要特別記住，必須指定享受美食的時機。你的產品或許什麼時候都可以吃，但是這樣也就失去特色了，因此必須定位一個享受時機，才有辦法讓人記得。比如：

66 告白想成功，就靠 72% 巧克力。**99**

66 宵夜有點餓，來份三分鐘鹹酥雞。**99**

開頭決定你的產品定位，也是第一印象。不用試圖討好所有人，只要服務好你定位的人群即可。標題寫好之後，再來開場白，美食文案比較常推薦的開場白寫法，都是有畫面感的方式。

8.2.2　差異細節

一直以來，食物的口味是很主觀的問題。就好像有人不愛吃香菜，有些人則非常喜歡吃香菜；有些人不喜歡吃辣椒，有人則無辣不歡。即使同一種食材，還是有許多等級、料理技術上的差別。如牛肉本身有等級之分，而好的牛肉給不懂技術的人煮，也會是一種浪費，而這正是美食文案的優勢，也是劣勢。

所以，寫美食文案時，我們必須好好說明產品的細節。不妨從食材、製作者、製作過程和技術、認證檢驗四方面來寫，其中食材雖然要介紹，但不是主力。真正的主力，其實是製作者。

我們都相信一個厲害的廚師，不論怎樣的食材到他手上，都能妥善料理。因此要強調製作者的身分，特別是星級廚師或老闆來代言，更能夠展現出美食的與眾不同。而製作過程和技術，也

是非常必要的說明。透明化的解說是為了讓用戶放心，也讓他們能夠感知產品的匠心和儀式感。

8.2.3　場景營造

大多數享用美食的場景都非常類似，像是和家人吃的、聚會吃的、零食小點或主餐飽食。因此在一開始的定位，其實很容易與競品雷同。這時候就必須在場景營造時，有不同的切入點。不妨從以下三個方法入手：

享用時機

告訴使用者你的美食可以在什麼時候吃，可以舉出多種場景延伸，並配合照片，讓整體享用氛圍更為突出。比如：

“辦公室分享好歡樂。”

“居家獨享大滿足。”

“外出帶著走也滿意。”

為不同的場景定義專屬的享用樂趣，幫助用戶在更多時機想起你的美食。

料理教學

你的美食除了單吃，有什麼可以入菜的方法嗎？這是「吃的方式」的延伸。一款食物單吃總有膩的一天，但如果可以為它創造更多的吃法或變化，就會常常出現在餐桌上。比如：

❝ 你的泡菜單吃很棒，那煮火鍋可以怎麼搭配呢？跟滷味怎麼搭配呢？是不是可以用你的泡菜做成泡菜炒豬肉呢？你的餅乾單吃很棒，那是不是可以像 Oreo 一樣，放在霜淇淋上呢？還是包在飯團裡面別具風味呢？教導你的用戶更多吃法，他們會迫不及待想嘗試的。❞

吃法引導

跟上面的方法類似，但這主要是教導你的用戶：該怎麼正確吃你的食品。這件事看起來有點多餘，不就是打開包裝吃嗎？但事實上，不管你的產品看起來多簡單、多麼方便拿取，就是有人一開始會困惑：這樣吃對嗎？因此這一步驟，最大的目的在於營造儀式感。可以借機告訴用戶，吃你的東西前，必須要這樣做那樣做，才能吃到最高級的美味。

實驗證實，當品牌方對用戶說：這項產品，最好吃的時候是打開後的 30 秒到 1 分鐘左右，因此打開後不要急著吃，先讓它與空氣接觸一下再吃。那麼，將有半數以上使用者都會乖乖照品牌方說的做。因為用戶真的很怕，沒能吃到這食物最好吃的一面。這種由吃法引導所營造出的獨特享用體驗，就是下次使用者會再想起產品的關鍵。

8.3

強調品牌，
用戶才放心

　　如今，很難找到真正獨一無二的食物，大多數食物都有不同的廠商在做。當然，你可能認為自己做的食物真的很特別，但對用戶來說，並沒有那麼特別，起碼在他們吃到之前。所以美食文案寫作中強調品牌，是讓用戶能夠有一個選擇的依據，也是經營品牌的基礎。文案中有兩個必要內容：初心和願景。

　　為什麼要做這樣的食物？為什麼要用這麼貴的食材？為什麼要這麼費時費工？對於一項產品，你一定花費了許多心思，在文案裡可以說一下，不用複雜，單純直接即可。而願景會讓用戶想跟你一起實現，你希望這個品牌走到什麼樣的未來？你希望吃到這樣食品的人，能想起什麼樣的故事？寫這些內容並不困難，但注意不要寫得太多。比如：

> 66 擁有，面對未來挑戰的力量。 99
>
> 66 我們希望自己成為臺灣傳統零食的代表，讓更多不同文化的人，透過這一塊塊小餅乾，感受到臺灣的特色與美。 99
>
> 66 讓臺灣的文化與創意，成為值得驕傲的吸引力。 99

以上三則文案所描述這些願景，除了吸引用戶之外，也是一種呼籲支持。當人們相信品牌提出的目標，就會願意支持當下的行動。下面介紹寫美食文案常用的 4 個小技巧。

8.3.1　技巧 1：成為他的眼、口、鼻

很多作家都是這方面的頂尖高手，看看這些大吃貨、大文豪們是怎麼刻畫美食的。比如：

所謂「西施舌」者，狀其形也，白而潔，光而滑（視覺），入口咂之，儼然美婦之舌（觸覺）。── 李漁《閒情偶寄飲饌部》

軟軟的蛋花在舌尖上滑動（觸覺），螃蟹肉帶著生命的芳香（嗅覺），殘留著些許海洋的腥味（味覺），嘴巴和手指立刻變得滑膩膩的（觸覺）。　　　　　── 村上龍《孤獨的美食家》

喝香蕉牛奶時，聯想到了月亮在白蓮花般的雲朵裡穿行（內心感受）。　　　　　　　　　── 王珂玲《下飯的詩》

8.3.2　技巧 2：告訴他怎麼吃，讓他身臨其境

營造一種熟悉的場景，告訴他在什麼地方吃、在何種時間吃、究竟怎麼個吃法、吃時會發生什麼事，細節越豐富越好，從而代入自己，產生「原來這麼好吃，我也想嘗嘗」的感覺。

雖然有霧霾，但在樓下聞到蒜薑炒肉的味道，還是會摘下口罩。

── 回家吃飯

用三分鐘時間守候泡麵飄香，隔著冬夜，一窗水汽欲滴，就

是最平凡的辛福感。　　　——日食記《新年舊味・鍋燒辛拉麵》

　　取食的時候要眼明手快，抓住包子的皺褶處猛然提起，包子皮驟然下墜，像是被嬰兒吮癟了的乳房一樣，趁包子沒有破裂趕快放進自己的碟中，輕輕咬破包子皮，把其中的湯汁吸飲下肚，然後再吃包子的空皮。　　　　　　　　　——梁實秋《湯包》

8.3.3　技巧 3：他想像不到？那就形容給他看

　　怕消費者想像不到食物的美味？那就用他們熟知的食物形容給他看。這個技巧的關鍵是要貼切，不能牽強和太浮誇。比如：

　　出遊時帶上這顆「水果糖」吧。　　　　　——久紅瑞蜜瓜
　　鮮甜多汁，入口絲滑，鮭魚般的美妙口感。　——祁縣酥梨

　　不知道這個蜜瓜有多甜？告訴你，和水果糖一樣甜。入口絲滑，有多滑？就像鮭魚那樣滑。

8.3.4　技巧 4：用結果來表達程度

　　程度是定量的，表達與接收難免出現一定的誤差。結果是定性的，很容易達成共識。當然這個結果，一定要合乎邏輯，又出人意料，才能達到效果。比如：

　　西太后識味停車，楊貴妃聞香回馬。——西安趙家臘汁肉店

西太后和楊貴妃什麼沒吃過啊？如果連她們見了都被吸引！到底多香、多美味，誰會不想瞭解一下。

> 這些美食不光紋理清楚，而且香氣也快要飄出了螢幕外。
> ──舌尖上的新年

美食到底有多香？就是隔若電視螢幕都要飄出來了，令你心馳神往。

" 野生黃心獼猴桃，甜掉牙，不管鑲。 "

多甜不解釋，但是警告你甜到蛀牙自己負責，店家可不願意賠償。

> 一箸入口，三春不忘。
> ──汪曾祺《豆腐》

只動了一次筷子，歷經春去秋來寒至暑往、悠悠三載幾度枯榮，吃的人卻還在回味那時的味道，可見美食好吃到有多麼令人念念不忘。

6 種方法寫美食，
勾起人們的食慾

中國人愛吃，由此延伸出來的「吃貨」、「飯拍族」等新詞層出不窮，而為美食打造的文案，自然也有過之而無不及。無論是直截了當，還是婉轉含含蓄，美食文案的創作都離不開以下六種方法。

8.4.1　修辭要天馬行空

經由修辭將美食與熟知事物比較，讓用戶更能體會其特點，引人入勝的同時讓語句更生動活潑。

(1) **類比**：比前任的心還冷 1 度。

(2) **擬人**：可我也有一顆「炸裂的心啊！」

(3) **比喻**：出遊時帶上這顆「水果糖」吧。

8.4.2　選取獨特之處

美食製作細節的堆砌，會使人腦海的畫面感更充足，進而使人迫不及待地想細細品味美食。

> 66 低溫烘烤新鮮榛子仁，輾碎，足量鋪滿，比利時巧克力淋面，香濃榛子慕斯夾心，約等於一場靈魂暴擊，是那種，好吃得一聲歎息的甜點。表層薄厚一致的比利時黑巧克力淋面，綴上低溫烘烤的北方大榛仁，堅果與黑巧克力的經典搭配，濃郁榛子醬夾心，寄深情於更深。 99

所有新鮮食材的一一展示，已經足夠誘惑，再把美食的製作細節慢鏡頭呈現，味蕾的誘惑便即刻升級。

8.4.3　放大感受

既然吃不到，那就用文字把使用者的感官挑動起來。儘量直白、立體地描述每一個細節感觸，因為越是細緻入微的描述，文字就越顯生動，用戶腦海中的想像就越豐富，也就更容易引人入勝。

> 66 大口吃芒果和奶油的滿足感，像春天的風鼓在衣服裡。乳脂奶油如清風拂過舌尖，芒果百香果慕斯滿口化開，這輩子只吃這個，也是可以的。 99

8.4.4　吃點情懷

「吃的不是味道，是情懷」，這句話永遠適用於美食文案，屢試不爽。

66 髮際線越來越高，天花板越來越低，只要吃一口板栗鴨，就像回到了九歲。 99

66 總是丟掉很多習俗，但元宵節的味道卻沒掉過，就像離開爸媽前吃的一頓飯。 99

8.4.5　告訴他怎麼吃

在商品繁多的市場，告訴消費者，你的美食具有獨特吃法、特殊享用場合等，為產品打出新的市場。

66 扭一扭，舔一舔，泡一泡。 99

66 怕上火，喝王老吉。 99

8.4.6　多種方式結合

運用多種方式來形容滋味，可以讓美食更誘人。

細節＋感官

66 自然成熟的泰國榴槤，在曼谷，官兵後代庭院中，生長著一百年至一百五十年的榴槤樹。榴槤是一種野獸，濃郁、混沌、複雜、生猛，一口下去，兵荒馬亂，直接把欲望打回原始形態。 99

細節＋情感

66 新鮮芳香，不同層次的酸與甜，細緻慕斯中揉和果肉顆粒慕斯。輕盈冰涼口感瑩潤的醇香奶油，無法用酸甜定義的味道是愛情。 99

情感＋創設情境

❝ 濃得讓人吃驚的一方綠意，淡淡茶香浮動，清冽質樸，搭配栗子羊羹夾心，微苦後，有綿長的回甘。取材於茶道的禪意內涵，熱量也相對友好。**❞**

那些能夠勾起人們食慾，又撩動觀者內心的文案，都是一抹最為亮眼的色彩。最後，再獻上廣告大師奧格威關於美食文案的十六個寫作規則：

一、以食慾訴求為中心來創作廣告。

二、使用的食品圖片越大，食慾訴求力越強。

三、在食品廣告中不要出現人物。人物會占去大塊版面，版面使用於表現食品本身。

四、使用彩色印刷比用黑白印刷，更能引起人的食慾。

五、使用照片，照片比圖片更具食慾訴求。

六、使用一張照片會比使用兩三張更醒目。如果非使用幾張不可，則應該使其中一張佔有主導地位。

七、如果可能，提供一些食譜或吃法。家庭主婦總是在尋求新的烹飪方法以愉悅家人。

八、不要把烹飪方法寫在廣告正文裡。把它獨立出來，要突出，引人注目。

九、在主要插圖、照片上表現出烹飪方法。

十、不要把烹飪方法印刷在以線條或花紋作底的地方，印在白底的版面上，會吸引更多的家庭主婦閱讀它。

十一、盡可能在廣告中加進新商情：新產品資訊、舊產品的改進，或是舊產品的新用法等等。

　　十二、標題要寫得有針對性，不要一般化。

　　十三、把品牌名稱寫進標題裡。

　　十四、把廣告標題和正文都排印在插圖之下。

　　十五、突顯包裝，但不要使用會降低讀者食慾的照片。

　　十六、要嚴肅。不要用幽默和幻想語句，標題裡不耍小聰明，對絕大部分家庭主婦來說，操持一家人膳食是很嚴肅的事情。

8.5

有創意、好玩，
年輕人就買單

美食文案如果想挑逗用戶味蕾，可以試著用下面四個技巧。有創意、有內涵的文案，會令食客躍躍欲試。

8.5.1　誘人描述，挖掘與眾不同的特點

"妻子甚至會用簡單的工具製作出豆花，這是川渝一帶最簡單最開胃的美食。經由加熱，鹵水使蛋白質分子連接成網狀結構，豆花實際上就是大豆蛋白質重新組合的凝膠，擠出水分，力道的變化決定豆花的口感，簡陋的帳篷裡，一幕奇觀開始呈現。現在是佐料時間，提神的香菜，清涼的薄荷，酥脆的油炸花生，還有酸辣清冽的泡菜，所有的一切，足以令人忘記遠行的疲憊。**"**

上面這段文案，對食物進行了誘人的描述。這個技巧可以向《舌尖上的中國》學習。比如：「發酵菌歡樂的歌聲」、「中國人能從黃酒中品出剛柔兩重境界」等這類非常生動的語言，讓人透過唯美的文字，感受到中國美食的博大精深。

8.5.2 離開食物，從側面攻擊

其實這是現在大多數廣告主會使用的方法，給食物賦予其他的意義，優勢在於人們可能不是因為食物的本身購買，而是因為你的文案，剛好戳中了他的心。

❝ 甜只留給言語，把愛餵養得像初戀。❞

❝ 取悅自己，是我取悅你的方式。捉摸不定，只是為了讓你永遠視我為新歡。❞

❝ 我羨慕那些沒吃過原麥山丘的人，因為第一次只有一次。❞

這類文案除了可以在海報中呈現，還可以出現在包裝上，但字數不可太長，太長就顯得拖沓，容易耗掉用戶的耐心。

8.5.3 為吃貨找理由

每個說自己胖的人，會給自己十個不可以吃的理由，但是下一秒又抵擋不了美食的誘惑，給出一百個要吃的理由。

美食文案要做的，就是讓他們做出吃的選擇，這也要與場景相結合，把美食融入場景裡。以下文案，就為消費者想了一個購買的理由，幫其減輕「罪惡感」。

❝ 體重，不會因為少喝一杯飲料就變輕。昨晚沒睡好？你要喝果汁。❞

8.5.4　玩文字，有趣就買單

　　這也不失為一個好方法，時下年輕人大多是衝動購物，有時純粹是為好玩買單，而好玩可以呈現在吃法上或者文案裡。如果你的文案夠有趣，打動了用戶的心，他自然就願意買單。

　　我是一隻雞，生有一雙翅膀卻不能高飛，偏偏有一顆不安分的心。幸好「不可能」從來不是浪子的羈絆，給雞翅塗上料酒、生抽、鹽、蜂蜜和蒜蓉，兩面煎香，含淚與出鍋的蒜香雞翅道別。出發吧，孩子，披著這身黃金甲馳騁天下。　　　　——蒜香雞翅

　　我是一隻鴨，看似一隻在田間肆意蹦躂的醜小鴨，事實上我養精蓄銳，靜候伯樂的出現。任憑他一雙巧手在我體內、外皮上，塗抹料酒、麥芽糖、薑蔥、花椒粉，他們將在我細膩的肌理間進行最絕妙的化學反應。一次迷醉的 SPA 後，作為一只有理想的鴨我必須投身熊熊燃燒的事業，化身餐桌上的黃金鬥士，在你的嘴唇間開展一場顛覆味蕾的革命，最終成為一隻噴香的廣式烤鴨，走上鴨生巔峰。　　　　——廣式烤鴨

　　以上文案經由有趣的擬人、譬喻等方式，把幾道經典菜的烹製過程，寫得維妙維肖，給用戶留下深刻的印象。當然，這一切的根本，還在於美食要夠好吃。否則，就算你用文案吸引他進了門，但是味道出賣了你，那他也就只買單一次。

8.6 ✎

標題是關鍵，
必須寫得誘人可口

下好一個美食文案的標題，意味著可以激起用戶點擊閱讀的興趣。同時也意味著你完全想好了整篇文章怎麼寫，因為文章的基調是從標題開始的。標題就像是一扇門，用戶能否推開門走進去，看到裡面的內容，完全取決於你的標題是否有吸引力。

如果標題不好，內容再優質用戶也看不到。通常用戶看到一篇文章的標題，會在 0.5 秒鐘之內決定要不要點擊瀏覽。所以，決定一篇文章閱讀量的關鍵就是「標題」。那麼，如何才能寫出一個吸引用戶注意力的美食文案的標題呢？下面介紹五種常見的方法。

8.6.1 提取賣點

提取兩到三個賣點來取標題，是最簡單的方法，但難在對於賣點的理解。賣點絕不是指大眾，而是小眾：你擁有別人沒有的，這就是最大的賣點。

好吃或環境好，這些都不是賣點，比如兩家店都賣重慶火鍋，裝潢風格也一樣。但是我有獨家秘方，大廚還是個道地的重

慶人，那這些就是我的賣點。所以選賣點的時候一定要注意，賣點就等同於特別、新奇。

布朗尼裝進杯子裡，義大利麵上種聖誕樹，棉花糖變麋鹿……還有什麼是這家餐廳做不到的！　　——魔都探索隊

梧州最有儀式感的西餐！按次序上菜！食材全空運！牛排最高只能五成熟！　　——梧州微生活

巷子殺出個江湖俠客，耍得一手香辣翻飛的獨門絕技，爽炸圍觀的食客！　　——桂林吃貨

8.6.2　誇張手法

雖然是誇張手法，但絕對不能假、大、空。標題裡一定要有商品的屬性之一，這樣別人就挑不出錯了。

這家芋兒雞是西門的扛把子！人均 40，配菜都有 18 種！　　——成都同城會

不到 5 分鐘就全城賣斷！刷爆梧州票圈的茶飲霸主駕到！超嗲超好喝的第三波飲品將驚豔你的舌頭。　　——梧州微生活

今天小編要扒一扒這隱藏在街頭的「白兔糖」，不論是商業界豪傑，還是童心懵懂的少女都被 TA 偷走了心！太過分了。　　——小聞香

8.6.3　留下懸念

留下懸念，自然能引得目標顧客的熱切關注。

為慶祝梧州入秋成功，這家腦洞大開的宵夜神店，竟做起了非比尋常的「美味珍寶」？！　　　　　　　　——梧州微生活

開業兩個月就讓眾多辣星人沉迷於此！傳聞爆辣飄香只需一口就停不下來！ TA 究竟是何來路？　　　　　　　——小聞香

8.6.4　善用數字

如果你想讓顧客對文章的重點一目了然，並產生高度興趣，那數字標題絕對是你的首選，因為數字標題可信度更高，也更有說服力。

> 四人狂擼 320 串，只需 160 元，人均 40 ！這間串串店逆天划算啊！

> 12 小時 +120 斤豬骨 =50 碗湯底，那麼奢侈的事也只有豚王幹得出來！

> 這家一年被翻牌 10 萬＋的鮮切牛肉火鍋店，5 折起 10 天！

像這樣的數字標題，顧客會非常容易捕捉到感興趣的內容，找到美食的價值點。所以，如果你還沒有辦法寫出那種文謅謅到讓人眼前一亮的標題，不妨試試數字標題。

8.6.5　巧用熱詞

　　想要下出一秒讓人好奇並想深瞭解的標題，那「熱點」是首選的。對於追趕潮流這種事，幾乎每個人都會有一種急迫感。比如：

> **"**24 小時不打烊的火鍋店把你伺候成小公舉，還倒送 200 元！**"**
> **"**大吉大利，免費吃雞！桂林首家酸菜雞火鍋酸爽贊助！**"**

　　這些文案標題裡，出現了熱點和熱詞，比如「小公舉」（註：取小公主的諧音）、「大吉大利，免費吃雞」等，會加大顧客的點擊率。不過熱點可遇不可求，在使用機會上還是有限度的。

第 9 章

「標題」吸睛、「美編」專業，
讓你躺著就能賺大錢

9.1 ✒

從標題入手，
第一眼就要吸引人

　　氾濫成災的醫療產品文案，需要在使用者的「第一眼」上入手，才能完成使命，這就要從標題做起。如以下九種常用的標題類型。

9.1.1　專業式標題

　　對於醫療產品來說，專業性的標題較受用戶關注，讓人能夠一目了然知道文案內容。比如：

> ❝當心！抗過敏藥也會致敏。❞
> ❝劇烈運動增加肺癌風險。❞

　　此類標題以傳遞知識為噱頭，吸引用戶注意力，讓他們認為內容能教他們醫療方面的知識，所以會有興趣打開文章。

9.1.2　視覺式標題

在醫療類文案中，視覺式標題是利用數字來對使用者的視覺產生衝擊效果。比如：

> 六步排出肝臟內毒素，檢查肝臟是否有毒的方法。
>
> 父母壽命長的人患癌率低，長壽者 4 大共性。
>
> 17 種癌症與肥胖有關，飯前喝湯有助於瘦身。
>
> 口氣不清新怎麼辦？6 個方法讓你遠離口臭。

這些標題中，往往含有「幾步」、「幾個」、「幾大」等數量詞，能快速引起用戶的好奇心，讓人迫切想知道正文內容。

9.1.3　提醒式標題

在醫療文案中，利用提醒式標題更容易獲得讀者的青睞，可吸引用戶對文案的關注。比如：

> 三類人喝蜂蜜等於喝毒藥。
>
> 女孩猝死化妝室，部分醫生推測與憋尿有關。
>
> 國人減壽十大因素，高血壓排第一位。
>
> 身上長這種痣，是患了肝病。

這類標題，由陳述某個事實開始，經由提醒、警告、恐嚇等手法，讓使用者意識到之前某些行為是錯誤的。特別是本身就具

有某種疾病的患者，看到相關文章後更容易引發共鳴。

9.1.4　前綴式標題

在醫療文案中，前綴式標題較具有權威性、吸引力，所謂的前綴式標題，就是以表達觀點為核心的一種標題撰寫形式。在此觀點之前，可加入一些較能取得用戶信任的詞彙，如專家的名字、研究成果、科學家說了說了什麼。比如：

> 研究：壞情緒讓你少活 20 年！
>
> 專家：抗體基因重排對殺傷 MERS 病毒有重大作用。
>
> 科學家：每天跳躍兩分鐘能有效避免骨折。
>
> 楊國安：心臟病屠刀殺向迪拜酋長長子。

以上是此類標題的常用公式，可將人名放置在標題開頭，在人名後緊接著說明對某件事的觀點或看法。

9.1.5　情感式標題

在醫療文案中，最稀有的標題莫屬情感式，正因為稀有，更能吸引用戶的注意力，其成效絕不比其他標題差，還更能引起用戶的共鳴。一般來說，會從親情、愛情、友情這三種情感出發（圖 9-1）。

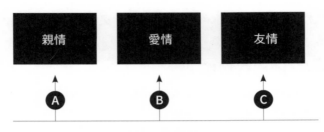

▲圖 9-1　情感式標題三大突破點

9.1.6　流行式標題

流行式標題就是拿當前流傳的熱門事件、熱門話題、熱門詞彙語言為噱頭。比如：

> 再談乙肝抗體：抗體去哪兒了？
>
> 翻滾吧！肥胖君。

上面的「去哪兒了」、「翻滾吧！」等詞，都屬於網路流行用語，具有一定的熱度和親切感，很容易吸引用戶注意力。

9.1.7　問題式標題

在醫療文案中，問題式標題是經由提出問題來引起關注，促使用戶思考、產生共鳴，能留下深刻的印象。

> 睡 8 小時死得快？到底該睡多久？
>
> 1 分鐘自測：你是時候排毒了！

❝白頭髮拔一根長十根的說法，是真是假？❞

❝肝臟排毒有規律，如何給肝臟排毒？❞

❝白領最易傷頸椎，該如何預防？❞

9.1.8　恐嚇型標題

當人們覺得恐慌時就會逃離，如果你看到下面這些標題，會是什麼反應？

❝洗血，洗出一桶廢油！❞

❝聽說北京 800 萬高血壓已停藥！❞

看到這類文案標題，是不是很想關注一下自己的血液健康狀況，或者身邊患有高血壓的熟人呢？

9.1.9　好處型標題

當人們覺得產品有用、有效果，就會想要擁有，例如看到下面這個標題，你會是什麼反應？

❝快速解決頭暈症狀！❞

是不是很想知道什麼藥這麼靈驗？如果真有效果，會及時推薦給身邊需要的人。

一篇好的醫療文案不是裝腔作勢、嘩眾取寵，而是要向用戶

「擺事實，講道理」。以簡明的語言直接昭告內容，人們一看便知道：什麼產品、誰來用、有什麼效果。直白的標題雖然簡單明瞭，但難就難在要想盡辦法讓它引起消費者的注意。

此外，不管什麼類型的醫療文案標題，撰寫者千萬不要做「標題黨」，也就是標題和文案內容一定要有關連，才不會讓用戶有被欺騙的感覺。

9.2 ✎

要能兼顧人性、創新
和醫療專業性

怎麼寫好一篇醫療文案？醫療文案寫作要關注人心，同時關注人性，還要內容創新。求醫者想要什麼，祈求是什麼……，這些都要考慮。

9.2.1 關注人心

比如，醫美診所的消費者害怕衰老、恐懼年齡增長，這就是痛點。文案寫作時必須強調這點，再以案例輔助，痛點就會更明顯。因為不能觸動人心的文案，就不能觸發諮詢，也就不可能到診。

9.2.2 注重人情世故

除了關注人心，還要注重人情。人心的欲望是潛意識的，在潛意識裡，可以很直白、直接，如對性的需求。但經過包裝後，這種欲望就變得高雅起來。因此，寫作文案必須要懂人情世故。

比如一位女子隆胸，一般來說就潛意識上，她的欲望是性，也就是為了獲得男人對她的關注。但在文案上不能這麼寫，必須

經過人情的沉澱後，包裝成這位女子想吸引更多的目光。因此，不瞭解人心，就無法了解醫療文案的核心。

9.2.3　內容創新

在滿足了這兩點之後，醫療文案如何寫才能寫出新意呢？不妨在標題、開頭、內容、結構這四個要素裡做文章。

標題創新：前一小節已經說過，不多贅述。那就從開頭說起，開頭一定要吸引人。一個文案有一個好的標題和開頭後，就成功了一半，剩下的事情，按照開頭往下順著思路寫就可以了。寫開頭的要點是一定要引起人們的興趣，但怎麼引起別人的興趣呢？這就需要寫作者動腦筋了。

內容創新：這是文案的核心因素，不要單一、要從多個角度切入，例如從病因形成、產品組成等多方面作訴求，盡量照顧到不同用戶的不同需求層面，文案的傳播力會很強。此部分可以歸納出五小類內容：

(1) **適應症**：適應症表明產品是做什麼用的、能治什麼病。症狀描述要具體、生動、清晰，要說到讀者的切身痛處，才可能引起共鳴和關注，激發購買的欲望。「症狀明確、入群模糊」是醫藥保健品廣告的鐵律之一。

(2) **產品機理**：描述症狀、分析病因、解決問題，是構成產品描述的三個主要部分，可以是獨立的內容，但多數都與其他內容揉和在一起，成為一篇完整文章或段落。這一部分文字專業術語出現最多，是讓讀者相信這個產品有功效的科學證據。主題層

層遞進，有理有據，令人信服。

(3) 產品特點：特點可以是先進之處、與眾不同之處、超越其他產品之處，或有別於競品的優點，也可以看作對產品的補充說明，常列點表述。多見於同時期競品較多、市場比較成熟的產品，如補腎、減肥、咽炎藥物等。

(4) 產品原料：產品原料也是「有料」的一類主題，例如：「葡立膠囊」的有效成分是「氨基葡萄糖」，補充人體的「蛋白聚糖」。此產品原料和成分的藥物療效，大多已經被認可，配以圖片說明，可以提高對產品質感、擴展功效的聯想。

(5) 產品照片：產品照片也是一項重要的要素，可讓消費者從文字中跳出來更認識產品，以免給同類競品做嫁衣。

9.2.4　文章結構

通常一篇醫療文案的結構是這樣的：

(1) 標題：點出診療項目、效果、什麼人能受益。

(2) 開頭：吸引人閱讀下去的開頭，引出介紹的項目。

(3) 醫院以及專家出現：自然帶出醫院的實力和專家特長。

(4) 專家介紹專案：這基本上屬於醫學專業的範疇，沒有太多發揮的餘地，不出錯即可。但要注意分段並適當加入小標題，以免閱讀上過於吃力。若是以消費者角度發問，由專家解答形式的文案，必須是人們真正關注的問題。

(5) 專家發言結束，最後再簡要宣傳醫院和專家。

(6) 文章結尾：形成一個強有力的結尾。

按這個結構寫好文案之後，要由專家進行審核。因為很多醫療文案的創作者，不一定具有專業的醫療知識，可能只是略懂皮毛。所以，醫療廣告文案寫完後，務必請這該領域的專家審核，以防出現低級錯誤或常識性笑話。

9.3 ✒️

掌握 4 個關鍵，
文案價值才能最大化

　　醫療文案寫作也是需要策略的，並不是撰寫者想到什麼就寫什麼，這樣寫出來的內容會呈現片段化，閱讀的價值不高。寫作策略最好掌握以下 4 個關鍵步驟。

9.3.1　內容深挖

　　好的內容是文案能夠被認真看下去的必要條件，也是傳達醫療文案撰寫者理念和效果最大化須具備的，有 3 個特點。

　　(1) 實用性：撰寫者需要考慮內容對使用者有哪些價值，能夠給用戶帶來什麼幫助。只有這樣的文案，才能讓用戶有一種受益匪淺的感覺，甚至使他們自願分享轉發。

　　(2) 簡明性：不需要咬文嚼字寫得很深奧，只需要讓用戶明白文章中的意思即可，越平易近人越有說服力。

　　(3) 新穎性：不能呆板枯燥，必須新穎，要讓用戶有眼前一亮的感覺，才能激發閱讀欲望。

9.3.2　功效承諾

消費者購買產品是為了獲取某種利益，利益越明確直接，消費者的關注度就會越高。藥品、保健品文案不只要說明產品能治什麼病，還要讓潛在消費者明白產品非常有效。

常見的承諾方式可以歸納為五種類型：

一是將承諾揉進廣告文案中。

二是用消費者自己的語言描述，相當於證言。

三是用起效時間、數字說明效果好。

四是描述症狀逐步減輕和好轉的各階段「感覺」，讓消費者相信藥品在逐漸發揮作用。

五是描述產品熱銷場面，讓消費者形成產品暢銷的印象。

9.3.3　促銷資訊

幾乎每一個品牌和產品都要寫促銷訊息，發佈此類訊息的目的，不只是讓更多的人來買，還想讓現有使用者買更多。可見寫好促銷訊息非常重要，有幾個要素不能遺漏：時間、地點促銷方式和促銷主題。

至於促銷的方式有很多，常見的有：降價（買○贈○）、讓利（原價○元，現價○元，優惠○元）、贈送相關產品（贈品價值○元）。此外，還有按療程購買的暗示，以及諮詢活動、免費檢測、現場講座等。比如奧星膠囊的促銷：

    ❝ 一次購買五盒可享受優惠價 1900 元，獲贈家庭型 HD 肝病

治療儀一台（價值 1680 元），並加送奧星肝寶二盒（價值 276 元）。**" "**

　　看起來似乎贈品比產品的價值還高，但實際上贈品可以用較便宜的價格委託加工。

9.3.4　方便購買

　　使用者看電視時，廣告會被強行植入，因為用戶為了能繼續觀看電視內容，雖對廣告反感但無法逃避。但對於報紙、手機上的資訊，看或不看，主導權都在用戶手中。因此凡是認真看的人，大多就是對產品有需求的人，他們就是潛在的用戶。

　　所以，醫療廣告文案寫作時，應該要盡可能地把這有限的眼球流量，變成產品的銷量。以下整理了九類「方便購買」的訊息，訊息雖雜，也多被排版在不顯眼的位置，但這些卻是產生銷售的「最後一公厘」。

　　(1) 服用療程訊息：一盒〇天量、〇盒一個療程或一個療程〇天等，已寫明必須按照「療程／週期」服用，消費者大多會多買一些產品。

　　(2) 服用方法：一天吃〇次、一次吃〇顆等，這是藥局櫃檯人員經常會被問到的問題，也就是消費者關心的問題。

　　(3) 專家提醒：提醒按療程服用、提醒注意事項、提醒防偽、須在醫生指導下服用等等。簡單的一句話，就能堵住一個銷售上可能出現的漏洞。

(4) **產品價格**：可能是單價，也可能是療程價，可能是醒目的位置，也可能隱含在促銷訊息中，無論標注在哪，都須儘量解除消費者心中的顧慮和疑惑。

(5) **諮詢電話號碼**：這是一條非常重要的訊息回饋管道，可以檢測廣告效果，並收集消費者的訊息，建立起使用者對產品的忠誠度。

(6) **經銷藥店名單、位址、電話**：「賣貨」廣告幾乎會把所有經銷藥店的名單都一一列明，位址、電話盡可能詳盡。

(7) **各縣市經銷商電話**：這是為消費者服務很周到的一則訊息，大概也只有實戰經驗豐富的廣告主，才會考慮到這個細節。

(8) **媒體間的相互呼應**：例如，有時廣告中會在不起眼的位置標示「敬請關注〇電視台／〇時段的廣告節目」，儘量提高媒體的傳播效率。

(9) **免費送貨條件、郵購資訊**：例如，〇盒以上免費送貨、限市區內送貨、郵購位址、電話等，方便消費者購買的資訊。

9.4 ✎

設計要醒目，
字體「傻大黑粗」也無妨

　　文案的版型，是一切設計的源頭，在傳達訊息的同時，還可以提高用戶的閱讀體驗，間接提高轉化率。對於醫療保健產品來說，在眾多廣告文案中，說理最詳細、回饋最及時、性價比最優秀者，是新產品推廣的首選方式。

　　所以，醫療類廣告文案通常從產品定位出發，同時結合市場及用戶心理，策劃不同文案版型，用最清楚淺顯的文字告訴使用者最透徹的道理。強而有力的醫療文案版型，都具有以下八個特點。

9.4.1　巨大的標題

　　根據現代人快速瀏覽的閱讀習慣，文案排版一定要下工夫在閱讀體驗上。首先字體要醒目，甚至可以到「傻大黑粗」的程度，讓看到訊息的人無法忽視文案的存在感，強行進入用戶的視野，達到吸引眼球的目的。

9.4.2　口語化表達

醫療類文案在寫作時，一定要盡量做到口語化，盡可能通俗易懂。句子不要太冗長，文字不要太術語化。特別是講述醫理時，可以嘗試適當幽默一下，用戶閱讀起來會較輕鬆流暢。只有讀起來朗朗上口、輕鬆易懂的文案，用戶才願意把它看完。

9.4.3　充分利用版面

滿版廣告最好採用上軟下硬式，上軟可以是一個感人的故事，也可是新聞式的報導。下硬就直接點題，直指產品。

滿版的大版面廣告一定要有圖片，講究圖文並茂。或是企業背景，或是把產品機理圖解化使其生動，或是一則很真切的患者證言。

9.4.4　文字分段，有醒目的小標題或編號

整篇文章須劃分成多個段落，配上標題，加上「一二三」或「123」之類的編號，層層遞進，顯得有條有理。這樣排版的主要目的是方便閱讀、便於記憶。有些醫療廣告文案要求每 300 字必須設一個小標題，因為人們越來越習慣跳讀式閱讀，也越來越依賴提要。

9.4.5　字體、字型大小變化頻繁

標題的一句話，有可能出現三種以上字體。而正文中除了小標題有獨特格式，不同板塊的內容，也會在字體和字級大小上有

所區別。

　　哪怕一塊豆腐大小的廣告，都有可能出現十多種字體、十多種字級大小。這樣的排版方式可以把內容的主次、輕重突顯出來，也可以將不同的內容加以區別。文字本身的變化可以增加裝飾性，令版面顯得活潑。

9.4.6　重點語句要加粗

　　重點句可以是一段話、一句話、一個詞，可以是標題、提要、正文中的某些語句，或者是產品名稱，總之是需要強行灌輸給使用者的東西。

　　排版時要儘量讓使用者不需動腦、不需費力就能看完。所以，重點部分要明顯、要強調、要加粗。

9.4.7　症狀描述的內容要醒目

　　症狀描述是醫藥保健品廣告中一個非常重要的內容。在版面設計上，症狀一定要佔據一個重要的位置、要清晰，所以字體設計要特別，讓人一眼就看得到。

9.5

套用這些思路，
就能狂接訂單

　　在今日，電視、網際網路、報紙、新媒體等傳播管道層出不窮，但內容仍然是傳播的核心，尤其是對醫療保健品來說，好的廣告文案是穩穩的加分項。此類廣告文案的創作一般有以下九種方法。

9.5.1　跟風拼湊

　　從當前比較成功的文案中去借鑑創意。俗話說，能賣出商品的文案就是好文案。市場有相似的產品，便會有雷同的文案。

9.5.2　理論實踐

　　這類文案創作人員大多有市場實戰經驗，並有較強的文字駕馭能力，豐富的社會閱歷，對產品行銷策略完全了然，並且能根據市場變化進行及時調整。他們不是為寫文案而寫文案，而是為策略而造文字，為賣商品而精心策劃文字，字斟句酌。

　　這樣的文案標題醒目、觀點鮮明，極具震撼力，能掌握用戶心理，利益點闡述非常明確，能與整體行銷策略匹配。

9.5.3　善用好奇

如果你希望用戶很認真地閱讀完你的文章，在正文開始前，就要激發他的好奇心，才能使他對你長篇大論的文章保持熱情。

如果使用者打開你的文章頁面後，只看一段就關閉，也就沒有任何行銷的機會了。所以，一開始必須引導用戶對文章產生興趣，不要急著推銷產品，先留住使用者是關鍵，之後才有機會進行行銷。

9.5.4　患者回饋

只要用戶對你的商品感興趣了，認真讀第一段的內容了，那麼自然就會看第二段的內容。

但業者和用戶之間還沒有建立好關係前，用戶一開始不信任怎麼辦？信任行銷是最好的行銷手法，最好的方式就是其他人的回饋。也就是第三方對業者的評價，特別是用戶身邊朋友的評價和回饋，就可以提前解決用戶內心的不安，從而產生信任。

9.5.5　價值包裝

我們要知道，消費者購買的除了產品本身，更重要的是產品價值，所以你必須直接了當告訴使用者，你的產品有哪些價值，明確地告訴他產品能給他帶來什麼好處。甚至很多時候你可以告訴使用者產品背後的故事、產品是如何誕生的、為什麼推出這樣的產品，產品的工序如何，為用戶投入了多少心血等等。

9.5.6　產品介紹

　　產品全面、多角度的介紹，能讓用戶充分瞭解產品的好處和特點，內容可以包括專家的評論、證明文件、送貨方式、價格、付款方式等資訊。你需要把產品分解成各個利益點，然後依用戶習慣的語言去描述。

9.5.7　行動呼籲

　　如果用戶沒有行動，你的文案就等於白寫。同時，用戶必須採取的行動要越簡單越好、越具體越好、越明確越好。千萬不能讓他得費很多努力，才能購買到你的產品。

　　你必須給他一個立刻行動的理由，要以明確、積極主動的文字，呼籲用戶採取行動，無論是購買產品、填寫線上表格，或者打電話等等。

9.5.8　零風險承諾

　　在這個策略中，你必須做的就是承擔你和用戶之間的所有風險。讓他們知道，如果使用不滿意，你願意退款，或提供其他令他們滿意的方案。

國家圖書館出版品預行編目（CIP）資料

哇！哇！廣告還沒看完已經喊 +1 的爆款文案：教你在
LINE、IG、抖音，寫出千萬流量與銷售的 54 個技巧！／許
顯鋒著. -- 新北市：大樂文化有限公司，2023.01
256 面；14.8×21 公分（優渥叢書 BUSINESS；84）
ISBN　978-626-7148-29-7（平裝）
1. 廣告文案　2. 廣告寫作　3. 行銷策略
497.5　　　　　　　　　　　　　　　　111019565

BUSINESS 084

哇！哇！廣告還沒看完已經喊+1的爆款文案

教你在 LINE、IG、抖音，寫出千萬流量與銷售的 54 個技巧！

作　　者／許顯鋒
封面設計／蕭壽佳
內頁排版／王信中
責任編輯／林育如
主　　編／皮海屏
發行專員／鄭羽希
財務經理／陳碧蘭
發行經理／高世權、呂和儒
總編輯、總經理／蔡連壽
出 版 者／大樂文化有限公司（優渥誌）
　　　　　地址：220新北市板橋區文化路一段 268 號 18 樓之一
　　　　　電話：（02）2258-3656
　　　　　傳真：（02）2258-3660
詢問購書相關資訊請洽：2258-3656
郵政劃撥帳號／50211045　戶名／大樂文化有限公司

香港發行／豐達出版發行有限公司
地址：香港柴灣永泰道 70 號柴灣工業城 2 期 1805 室
電話：852-2172 6513　傳真：852-2172 4355

法律顧問／第一國際法律事務所余淑杏律師
印　　刷／韋懋實業有限公司

出版日期／2023 年 1 月 16 日
定　　價／290 元（缺頁或損毀的書，請寄回更換）
I S B N　978-626-7148-29-7（平裝）